FORSCHUNGSBERICHTE DES LANDES NORDRHEIN-WESTFALEN

Nr. 1107

Herausgegeben

im Auftrage des Ministerpräsidenten Dr. Franz Meyers

von Staatssekretär Professor Dr. h. c. Dr. E. h. Leo Brandt

DK 537.525 : 537.568 : 541.4 :
546.14 + 546.293

Dipl.-Phys. Paul Thomas

Institut für Theoretische Physik der Universität Bonn

Leuchtende Schichten im Faradayschen Dunkelraum der Glimmentladung in Brom-Argon-Gemischen

WESTDEUTSCHER VERLAG · KÖLN UND OPLADEN · 1962

ISBN 978-3-663-00757-9   ISBN 978-3-663-02670-9 (eBook)
DOI 10.1007/978-3-663-02670-9

Verlags-Nr. 011107

Gesamtherstellung: Westdeutscher Verlag ·

Inhalt

1. Problemstellung

Die Erscheinungen zwischen den für eine Glimmentladung charakteristischen kathodischen Entladungsteilen (erste Kathodenschicht, Hittorfscher Dunkelraum und negatives Glimmlicht) und den noch als typisch zu bezeichnenden anodischen Entladungsteilen (anodisches Glimmlicht) hängen stark von den Entladungsbedingungen ab. Läßt man z. B. die Entladung in einem relativ zum Elektrodenabstand engen Rohr brennen, so bildet sich in diesem die wohlbekannte positive Säule aus, die ihre Entstehung den Wandeinflüssen verdankt.

Bei Verwendung bestimmter Gase und Gasgemische kann man nun im Faradayschen Dunkelraum in einem gewissen Bereich von Stromstärke, Elektrodenabstand, Druck und Mischungsverhältnis räumlich periodische, leuchtende Schichten erzeugen, deren Entstehung nicht auf Wandeinflüsse zurückzuführen ist, da sie auch in weiten Entladungsgefäßen auftreten. Diese Schichten ähneln phänomenologisch den von DRUYVESTEYN beschriebenen »negativen Schichten« [1] und den Schichten einer geschichteten positiven Säule. Sie haben das Aussehen von ineinanderhängenden Schalen, die die Anode umgeben und sich an den Rändern in der Nähe des Anodenrandes häufig zu berühren scheinen.

Die Bildung der leuchtenden Schichten, der sogenannten Dächer, ist, wie LAUBE in seinen Arbeiten klären konnte [2], eine Eigenschaft des Gases bzw. des Gasgemisches im Entladungsgefäß. Sie treten fast immer dann auf, wenn das Gasgemisch aus einem elektropositiven Grundbestandteil (Edelgas, H_2, N_2, O_2) mit einer elektronegativen Beimischung (Halogen, Pseudohalogen) besteht. In reinen elektropositiven bzw. in reinen elektronegativen Gasen konnten bisher keine Schichten beobachtet werden. Eine gewisse Sonderstellung nehmen die Kohlenwasserstoffe ein; sie ergeben mit Stickstoff (bzw. Sauerstoff) gemischt Dächer. Da sie nicht als elektronegative Gase gelten, muß durch die Entladung eine chemische Umsetzung erfolgen, durch die der elektronegative Bestandteil erst erzeugt wird. Mit großer Wahrscheinlichkeit ist Cyan diese elektronegative Substanz.

Untersuchungen an leuchtenden Schichten in Kohlenwasserstoff-Stickstoff-Gemischen sind wegen der sich abspielenden chemischen Reaktionen in der Entladung naturgemäß schwierig. Diese treten jedoch nicht auf, wenn man eine Glimmentladung in einem Edelgas-Halogen-Gemisch betreibt. Die übersichtlichen chemischen Verhältnisse lassen hier erhoffen, daß das elektrische Verhalten der Dächer störungsfrei untersucht werden kann, so daß Schlüsse auf deren Entstehungsmechanismus gezogen werden können.

Die vorliegende Arbeit wurde am Gasgemisch Argon-Brom ausgeführt und befaßt sich vor allen Dingen mit dem Schichtpotential und der elektrischen Feldstärke im Bereich der Schichten.

2. Der Aufbau der Versuchsapparatur

Um einen Aufschluß über das Verhalten der Dächer zu erhalten, war vor allen
Dingen der sprunghafte Potentialanstieg beim Durchqueren einer leuchtenden
Schicht von Interesse. Versuche, den Potentialverlauf in der Richtung Kathode-
Anode in der Entladung durch Sonden auszumessen, scheiterten an der Tatsache,
daß bei Annäherung einer Sonde an die leuchtende Schicht diese vollkommen
verbogen wurde und schließlich an ihr haften blieb. Es war somit sinnlos, sich
durch Sondenmessungen eine Aufklärung über den Potentialverlauf zu erhoffen,
da durch Einbringen der Sonde in die Entladung sich sichtbar die räumliche
Lage der Schichten änderte.
Zur Umgehung dieser Schwierigkeit bietet sich ein Meßverfahren an, das auch
sonst, wenn man Sondenmessungen umgehen will, zur Bestimmung des Gradienten in einer positiven Säule angewendet wird. Es beruht auf dem bekannten Verhalten einer Entladung bei Variation des Elektrodenabstandes, bei der sich die
kathodischen Entladungsteile nicht ändern, solange der Faradaysche Dunkelraum vorhanden ist, d. h. wenn die Anode sich noch in einiger Entfernung vom
negativen Glimmlicht befindet. Variiert man also den Elektrodenabstand um eine
bestimmte Länge, so ist Zu- bzw. Abnahme der Brennspannung gleich der über
dieser Länge liegenden Spannung. Ein Diagramm, in dem die Brennspannung
gegen den Elektrodenabstand aufgetragen ist, gibt somit einen anschaulichen Verlauf des Potentials wieder.
Die Versuchsapparatur mußte nun auf dieses Meßverfahren ausgerichtet werden:
Das Gefäß, in dem die Gasentladung betrieben wurde (10) (s. Abb. 1), bestand
aus einem Glaszylinder von 27 cm Durchmesser und 30 cm Höhe, der durch
Gummiringe mit zwei Abdeckplatten aus V2A-Stahl verschlossen wurde. Die
Elektroden bestanden aus kreisrunden V2A-Scheiben von je 10 cm Durchmesser
und waren durch eine gegen sie isolierte V2A-Hülse auf der Rückseite abgeschirmt,
so daß die Entladung nur auf den einander zugewandten Vorderflächen ansetzen
konnte. Die Anode, die durch ein mit Simmerringen gedichtetes Getriebe bewegt
werden konnte, war direkt mit dem positiven Pol einer 1,2-kV-Hochspannungs-
säule (mit gesiebtem Gleichstrom) verbunden, während die ortsfeste Kathode über
ein Amperemeter (13) und einen als automatischen Vorwiderstand arbeitenden
Stromstabilisator (14) am Minuspol angeschlossen war. Der Stromstabilisator hatte
die Aufgabe, den Strom bei irgendeiner Änderung der Entladungsbedingungen
konstant zu halten. Das Ziel war es ja, die Brennspannung in Abhängigkeit vom Elektrodenabstand zu messen. Um Fehler, die ihre mögliche Ursache im Kathodenfall
haben, auszuschalten, wurde die Spannung nicht zwischen Kathode und Anode
gemessen, sondern zwischen einem den Kathodenfall überbrückenden und als
flächenhafte Sonde wirkenden Netz (ebenfalls aus V2A-Stahl) und der Anode.

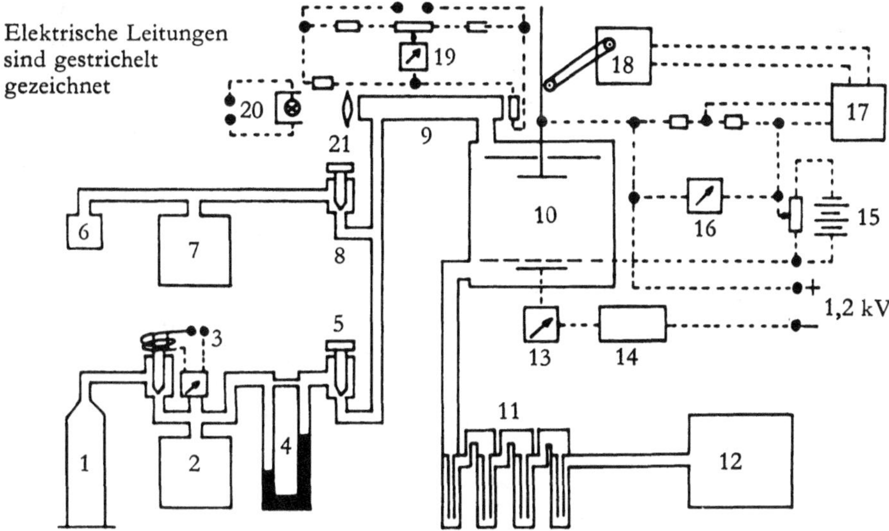

Abb. 1   Skizze eines Versuchsaufbaues

Um die Meßgenauigkeit zu vergrößern, wurde ein großer Teil der Spannung zwischen dem Netz und der Anode durch eine 240-V-Batterie (15) mit vorgeschalteter Spannungsteilung kompensiert. Gemäß dieser Anordnung kam dann nur noch ein Spannungsmeßgerät mit hohem Eingangswiderstand ($R_i > 1\,M\Omega$) in Frage, da sonst, wie festgestellt wurde, die Spannung auf kleinere Werte zusammenbrach. Verwendet wurde ein Röhrenvoltmeter mit einem Eingangswiderstand von $20\,M\Omega$ in allen Bereichen (16). Nun hätte man die Spannung Punkt für Punkt in Abhängigkeit vom Elektrodenabstand aufnehmen können. Dieser langwierige Weg wurde nicht beschritten, da es außerdem unmöglich ist, bei Variation des Elektrodenabstandes und plötzlich auftretenden Spannungssprüngen bis dicht an die Sprungstellen heranzukommen.

Zu diesem Zweck wurde auf die Achse des Zahnrades, das in eine Zahnstange greift, die mit der Anode fest verbunden ist und zur Variation des Elektrodenabstandes dient, ein Schnurlaufrad aufgesetzt. Dieses Rad war dann durch eine Schnur mit einem zweiten Schnurlaufrad verbunden, das auf der Achse der den Papiervorschub besorgenden Trommel eines (Siemens und Halske) Tintenschreibers (18) saß. Damit war die Richtung des Papiervorschubes zur Richtung des Elektrodenabstandes geworden. Der Tintenschreiber wurde somit zu einem einfachen Zweikomponentenschreiber. Da der Eingangswiderstand des Schreibermeßwerkes sehr niederohmig war ($10\,k\Omega$) und nur hochohmig gemessen werden konnte, wurde die Meßspannung hochohmig unterteilt, mit einem Gleichstrommeßverstärker (17) wieder verstärkt und dann auf das Meßwerk gegeben.

Der Vorteil dieser Meßmethode besteht darin, daß man nicht einzelne Kurvenpunkte aufnimmt, sondern den ganzen Kurvenverlauf direkt aufzeichnet. Außerdem kann die Meßzeit auf wenige Sekunden reduziert werden.

Wie eingangs erklärt wurde, sollte die Entladung in einem Brom-Argon-Gemisch betrieben werden. Dabei war es nun das Brom, das wegen seiner Aggressivität besondere Schwierigkeiten bereitete. Aus diesem Grunde wurden auch alle Metallteile des Entladungsgefäßes aus V2A-Stahl hergestellt, der sich gegenüber Bromkonzentrationen, wie sie im Entladungsgefäß vorkommen, als hinreichend beständig erwies. Bei den hohen Bromkonzentrationen jedoch, die im Vorratsgefäß für flüssiges (6) und gasförmiges (7) Brom herrschen, erwies sich auch V2A-Stahl unbrauchbar. Dies führte zur Konstruktion eines Nadelventils zur Regulierung des Bromzuflusses (8), dessen Ventilbett aus Glas und dessen Nadel aus Polyäthylen bestand und das den gestellten Anforderungen entsprach.

Das Argon wurde einer Stahlbombe (1) entnommen. Es passierte ein Magnetventil (3), das automatisch die Gaszufuhr so regelte, daß immer ein Druck von etwa 600 Torr in dem Vorratsgefäß für Argon (2) herrschte. Darauf strömte das Gas durch den Strömungsmesser (4) und das Regulierventil (5) in das Entladungsgefäß. Der Argondruck wurde direkt als Funktion der durchströmten Argonmenge mit dem Strömungsmesser gemessen.

Ein schwieriges Problem war nun die Messung des Brompartialdruckes. Da die meisten Druckmeßinstrumente Quecksilber enthalten, das von Brom sofort unter Bildung von Quecksilberbromid angegriffen wird, wurde der Bromanteil in der Entladung durch Absorption von weißem Licht einer Wolframlampe (20) gemessen. Es wurde eine Differenzphotometerschaltung (19) verwendet, da bei ihr die Anzeige von der Lichtintensität sehr viel weniger abhängt als bei der Photostrommessung einer einzelnen Photozelle. Diese Schaltung besteht aus einer Wheatstoneschen Brücke, bei der im oberen Brückenzweig zwei Festwiderstände und ein Abgleichpotentiometer und im unteren Brückenzweig zwei Photowiderstände liegen. Der eine Photowiderstand wird direkt von der Lichtquelle beleuchtet, während der andere von Licht beleuchtet wird, das zuvor ein Rohr von 50 cm Länge in Längsrichtung durchsetzt. Dieses Rohr (9) befindet sich direkt über dem Entladungsgefäß und wird von dem jeweiligen Brom-Argon-Gemisch durchströmt. Das Verbindungsrohr zwischen dem obigen »Photometerrohr« und dem Entladungsgefäß ist etwa 6 cm lang und hat einen Durchmesser von 3 cm. Damit wird der Druckabfall bei Strömung bedeutungslos, und wir haben im Photometerrohr nahezu den gleichen Druck wie im Entladungsgefäß. Photometrische Messungen direkt im Entladungsgefäß können nicht vorgenommen werden, da das Licht der Glimmentladung selbst Störungen hervorrufen wird. Gemessen wird endlich der Diagonalstrom mit einem Galvanometer. Der Galvanometerstrom wurde mit Hilfe eines eigens zu diesem Zweck konstruierten empfindlichen Dosenmanometers (Dehnungsmeßstreifendruckgeber) in Brompartikeldruck geeicht.

Um die Pumpe (12) vor Korrosion zu schützen, wurde das abgepumpte Gas zuvor durch vier Kühlfallen (11) geleitet; vier Kühlfallen erwiesen sich als erforderlich, da sich bei hoher Argonströmung Brom bis in die dritte Kühlfalle sichtbar niederschlug.

3. Der sprunghafte Potentialanstieg beim Durchqueren einer leuchtenden Schicht

Dem im Abschnitt 2 erörterten Meßverfahren zufolge wurde nun die Brennspannung U_B in Abhängigkeit vom Elektrodenabstand x aufgenommen, wobei die noch verfügbaren Parameter

1. Entladungsstrom i,
2. Argonpartialdruck P_{Ar} und
3. Brompartialdruck $P_{Br\,2}$

nacheinander variiert wurden. Die Brennspannung stellt sich somit als eine Funktion der vier Variabelen x, i, P_{Ar} und $P_{Br\,2}$ dar.

$$U_B = f(x, i, P_{Ar}, P_{Br\,2})$$

Diese Funktion hat im Prinzip etwa den in der Abb. 2 dargestellten Verlauf, wenn i = const, P_{Ar} = const und $P_{Br\,2}$ = const gehalten werden.

Dies bedeutet: Vergrößert man den Elektrodenabstand x, so nimmt die Brennspannung U_B nicht linear zu, sondern wir haben zunächst während einer kleinen Wegstrecke Δx einen linearen Anstieg von U_B, dann einen plötzlich auftretenden Spannungssprung ΔU, hinter dem die Brennspannung mit der gleichen Steigung wie zuvor wieder zunimmt, usw. Die sprunghaften Anstiege ΔU der Brennspannung U_B fallen zeitlich mit der sprunghaften Entstehung einer neuen leuchtenden Schicht zusammen, während beim langsamen Anstieg von U_B in den

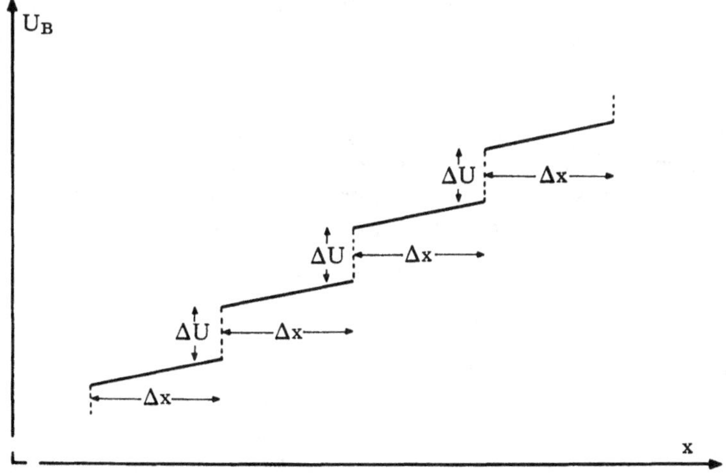

Abb. 2 Die Brennspannung U_B in Abhängigkeit vom Elektrodenabstand x

Zwischenräumen Δx nur der Dunkelraum zwischen der zuletzt entstandenen leuchtenden Schicht und der Anode vergrößert wird und die bereits vorhandenen Schichten an Umfang gewinnen. Damit ist ΔU als Potential der leuchtenden Schicht zu betrachten, und ich möchte es als »Schichtpotential« schlechthin bezeichnen.

In vielen Meßreihen galt es nun, die obige Funktion U_B in Abhängigkeit von den verfügbaren Parametern i, P_{Br2} und P_{Ar} aufzunehmen, um aus ihr das Schichtpotential zu bestimmen. Dabei zeigte es sich, daß Sprünge ΔU erst bei Erreichung einer gewissen Mindeststromstärke registriert werden konnten. Diese Mindeststromstärke war um so höher, je höher der Argonpartialdruck war. Eine merkbare Abhängigkeit vom Brompartialdruck war nicht vorhanden. Bedeutet i_M diese Mindeststromstärke, so kann man etwa folgende Werte angeben:

Tab. 1

P_{Ar} [Torr]	i_M [mA]
0,3	20
0,5	40
0,7	50
0,9	70

Bei Strömen $i < i_M$ waren zwar Dächer vorhanden, sie konnten aber mit dieser Methode nicht ausgemessen werden. Die Diagramme, die die Brennspannung U_B in Abhängigkeit vom Elektrodenabstand x für $i < i_M$ darstellen, zeigen ein lineares Anwachsen von U_B mit x. Beobachtet man die Entladung bei Variation des Elektrodenabstandes in diesem Strombereich, so ist auch keine sprunghafte Entstehung einer neuen leuchtenden Schicht zu sehen, sondern diese »quellen« vielmehr kontinuierlich aus der Anode heraus.

Beim Entstehen mehrerer leuchtender Schichten waren die Spannungssprünge ΔU nicht immer gleich groß, sondern es gab Abweichungen bis zu $\pm 5\%$ vom arithmetischen Mittelwert. Man konnte jedoch keine systematische Zu- bzw. Abnahme des Potentialsprunges mit steigender Schichtanzahl feststellen, so daß die in dieser Arbeit angegebenen ΔU-Werte die arithmetischen Mittelwerte aus den Messungen sind. Nicht selten waren auch alle ΔU-Werte gleich. Schätzen wir den Fehler des Spannungsmeßinstrumentes einschließlich des Ablesefehlers mit $\pm 3\%$ ab, so kann man sagen, daß die ΔU-Angaben auf etwa $\pm 8\%$ genau sind.

Mein Interesse war nun vor allen Dingen, Aussagen über die Funktion

$$\Delta U = F(i, P_{Br2}, P_{Ar})$$

zu machen. Dazu wurde der Strom zwischen der Mindeststromstärke und 100 mA, der Brompartialdruck zwischen geeigneten Grenzen und der Argonpartialdruck zwischen 0,3 Torr und 0,9 Torr variiert. $P_{Ar} = 0,3$ Torr stellt die untere Grenze dar, weil unterhalb $P_{Ar} = 0,3$ Torr das negative Glimmlicht eine solche Ausdehnung besitzt, daß die Längsausdehnung der Versuchsapparatur bei weiterer

Druckerniedrigung nicht mehr ausreichen würde, um einen Faradayschen Dunkelraum und mit ihm Schichten hervorzubringen.

In der Tab. 2 sind die Meßergebnisse von ΔU [V] eingetragen. Um einen bestimmten ΔU-Wert aufzufinden, suche man in der ersten senkrechten Spalte den gewünschten Argonpartialdruck, darauf in der zweiten Spalte den gewünschten Brompartialdruck und gehe dann waagerecht weiter bis zum gewünschten Strom (Stromskala unter i [mA]) (z. B. $P_{Ar} = 0,7$ Torr; $P_{Br2} = 0,04$ Torr; $i = 80$ mA: $U = 6,8$ V).

a) Das Schichtpotential in Abhängigkeit vom Strom

Wie aus der Tab. 2 ersichtlich ist, wächst bei allen Partialdrucken von Argon und Brom das Schichtpotential ΔU mit wachsendem Strom zunächst an und erreicht

Tab. 2

P_{Ar} [Torr]	P_{Br2} [Torr]	20	30	40	50	60	70	80	90	100
0,3	0,005		4,7	5,1	5,6	5,6				
	0,01	2,8	4,2	5,3	6,0	6,4	6,5	6,5	6,6	6,5
	0,02	3,1	3,3	3,7	4,1	4,6	4,9	4,8	4,9	4,8
	0,03	2,9	3,2	3,6	3,7	3,6	3,7	3,5	3,5	3,6
	0,04	2,8	3,3	3,7	3,7	3,7	3,6	3,4	3,5	3,7
	0,05	2,8	2,9	2,8	2,8	3,1	3,1	3,0	3,0	3,3
0,5	0,01			4,7	5,6	6,1	6,2	6,2		
	0,02			6,1	7,0	7,9	8,4	8,4	8,4	8,3
	0,03			2,8	3,7	5,0	6,3	7,0	7,1	7,0
	0,04		3,1	3,5	3,7	3,9	3,8	3,8	3,9	3,8
	0,05			3,6	3,6	3,8	3,8	3,9	3,8	3,8
	0,07			3,6	3,6	3,6	3,7	3,7	3,8	3,8
0,7	0,015			3,4	4,5	5,3	5,6			
	0,02			5,9	6,7	7,1	7,1	7,1	7,1	7,1
	0,025				7,2	8,6	8,7	8,7	8,8	8,8
	0,03				7,1	8,0	9,1	9,3	9,3	9,3
	0,035				3,7	7,3	7,9	7,8	8,0	7,9
	0,04				3,0	5,2	6,5	6,8	6,8	6,8
	0,05				2,8	3,6	4,3	4,7	5,2	5,2
	0,07				2,6	3,1	3,5	3,9	4,1	4,1
	0,09				2,4	2,8	3,0	3,6	3,7	3,5
0,9	0,03						5,3	6,2	6,2	6,2
	0,04						4,7	6,3	6,8	6,6
	0,05						3,6	5,9	5,9	5,9
	0,06						1,9	4,7	4,7	4,7
	0,07						1,4	3,2	3,2	3,2

dann einen konstanten Endwert. Dieses bedeutet für unsere Funktion F:

$$\frac{\partial F}{\partial i} \geq 0$$

für alle P_{Br2} und P_{Ar}. In der Abb. 3 ist der charakteristische Verlauf von ΔU am Beispiel $P_{Ar} = 0{,}7$ Torr und $P_{Br2} = 0{,}04$ Torr aufgetragen.

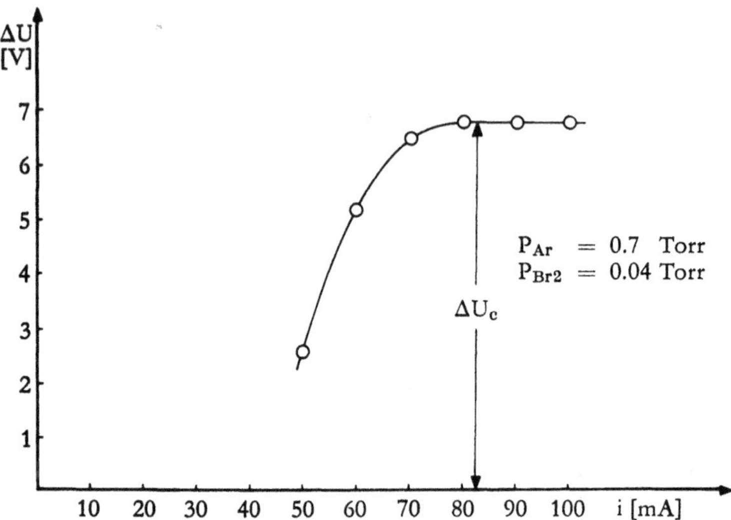

Abb. 3   Das Schichtpotential ΔU in Abhängigkeit vom Strom i

Die Höhe dieses konstanten Endwertes ΔU_c wächst zunächst bei Partialdruckerhöhung des Broms (konstanter Argonpartialdruck) an, durchläuft ein Maximum $\Delta U_{c\,max}$ und fällt bei kleinen Argonpartialdrucken schnell auf einen konstanten Wert ΔU_{cmin} ab. Bei höheren Argonpartialdrucken vollzieht sich dieser Abfall viel langsamer, ohne daß im ausgemessenen Bereich ein konstanter Endwert erreicht wird. Der Übergangspunkt vom schnellen zum langsamen Abfall dürfte bei etwa 0,6 Torr liegen. Da für $i = 70$ mA sowohl bei $P_{Ar} = 0{,}5$ Torr als auch bei $P_{Ar} = 0{,}7$ Torr und bei allen Brompartialdrucken dieser konstante Endwert ΔU_c schon erreicht wird, gibt die Abb. 4 den Verlauf von ΔU_c wieder.

ΔU_c wird bei höherem Argondruck auch bei höherem Strom i_c erst erreicht; dabei kann man im Mittel etwa folgende Werte angeben:

Tab. 3

P_{Ar} [Torr]	i_c [mA]
0,3	50–60
0,5	60–70
0,7	70
0,9	80

14

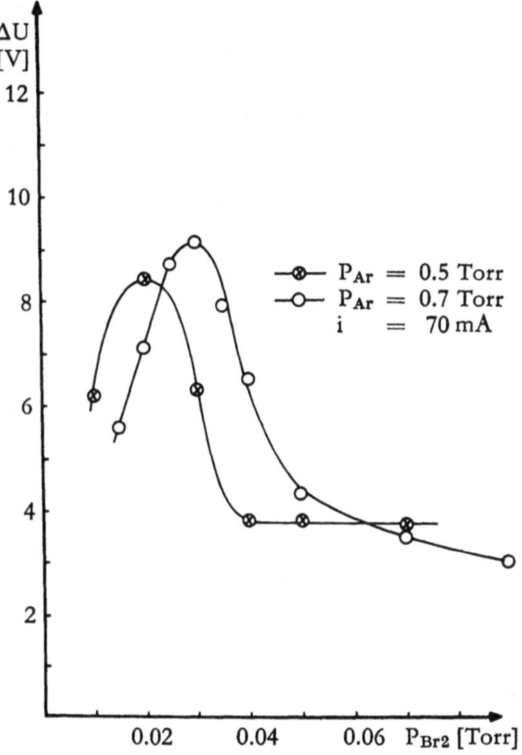

Abb. 4   Das Schichtpotential ΔU in Abhängigkeit vom Brompartialdruck P_{Br2}

Für die Höhe des Maximums $\Delta U_{c\,max}$ und des konstanten Endwertes $\Delta U_{c\,min}$ gelten folgende Werte:

Tab. 4

P_{Ar} [Torr]	$\Delta U_{c\,max}$ [V]	$\Delta U_{c\,min}$ [V]
0,3	6,3	3,4
0,5	8,4	3,8
0,7	9,3	–
0,9	6,7	–

Die Höhe des Maximums wächst also zunächst mit wachsendem Argonpartialdruck an und fällt dann nach Durchlaufen eines Höchstwertes bei etwa 0,7 Torr wieder ab.

b) Das Schichtpotential in Abhängigkeit von Brompartialdruck

Trägt man nun ΔU bei konstantem Argonpartialdruck und konstantem Strom gegen den Brompartialdruck auf, so bekommt man im wesentlichen den in der

Abb. 4 angegebenen Verlauf: Wir erhalten den Anstieg von ΔU bei wachsendem Brompartialdruck, ein Maximum, und darauf das Absinken auf einen konstanten Endwert bzw. den langsamen Abfall bei hohem Argonpartialdruck. Der Wert von P^{*}_{Br2}, bei dem das Maximum liegt, hängt nur wenig vom Strom i ab. Er verschiebt sich etwa um den Betrag $\Delta P_{Br2} = 0{,}005$ Torr beim Übergang von der Mindeststromstärke (s. o.) zu 100 mA.

Wir haben jedoch eine merkliche Abhängigkeit vom Argonpartialdruck. Dabei kann man folgende Werte angeben:

Tab. 5

P_{Ar} [Torr]	P^{*}_{Br2} [Torr]	
0,3	0,01	
0,5	0,02	(i = 100 mA)
0,7	0,03	
0,9	0,04	

Als Ergänzung zur Tab. 5 vergleiche man mit ihr die Abb. 6, die das Schichtpotential in Abhängigkeit vom Brompartialdruck bei $P_{Ar} = 0{,}3$; $0{,}5$; $0{,}7$; $0{,}9$ Torr

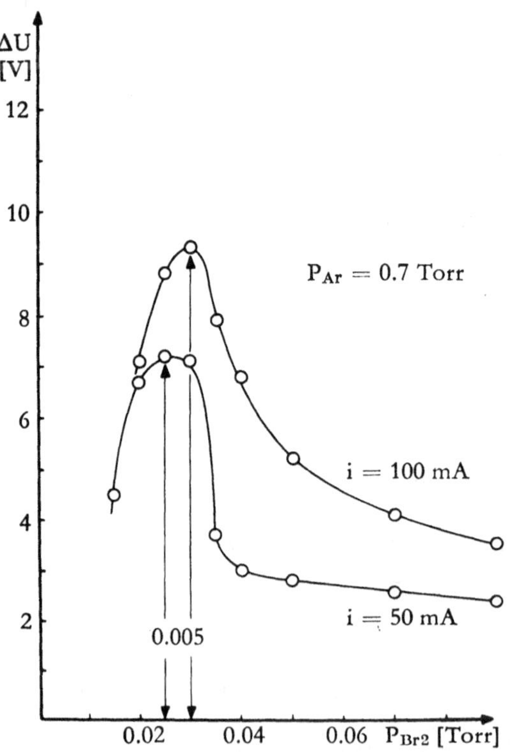

Abb. 5   Das Schichtpotential ΔU in Abhängigkeit vom Brompartialdruck P_{Br2}

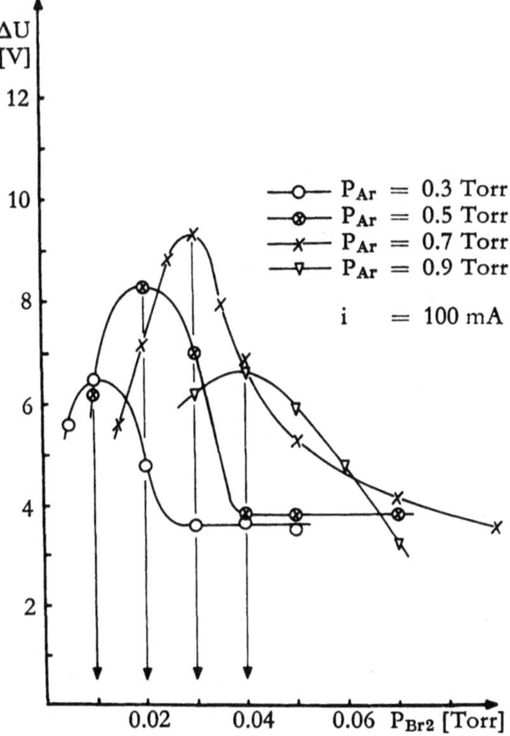

Abb. 6   Das Schichtpotential ΔU in Abhängigkeit vom Brompartialdruck P_{Br2}

und i = 100 mA zeigt. Deutlich ist die Verschiebung des Maximums zu höheren Brompartialdrucken bei Erhöhung des Argonpartialdruckes sichtbar.

Es gilt etwa die empirische Formel (i = 100 mA):

$$P_{Br2} = \frac{P_{Ar}}{20} - 0,005 \ [Torr]$$

wobei die Dimension von P_{Ar} ebenfalls Torr ist. Die Höhe des Maximums wächst mit wachsendem Strom (P_{Ar} = const, P_{Br2} = const) an und erreicht wegen des unter a) Gesagten einen konstanten Endwert.

Damit kann man für F folgern:

$$\frac{\partial F}{\partial P_{Br2}} \geq 0 \qquad \text{für 1) } P_{Br2} \leq P^*_{Br2}$$
$$\text{2) alle Ströme}$$

$$\frac{\partial F}{\partial P_{Br2}} \leq 0 \qquad \text{für 1) } P_{Br2} \geq P^*_{Br2}$$
$$\text{2) alle Ströme}$$

c) Das Schichtpotential in Abhängigkeit von Argonpartialdruck

Es bleibt noch das Verhalten von ΔU in Abhängigkeit vom Argonpartialdruck zu untersuchen. Halten wir den Brompartialdruck und den Strom konstant und variieren den Argondruck, so haben wir kein einheitliches Verhalten von ΔU. Bei bestimmten Kombinationen von i und $P_{Br\,2}$ beobachtet man zunächst ein Wachsen von ΔU mit Erhöhung des Argonpartialdruckes. Nach Überschreiten eines Maximums fällt dann ΔU wieder ab. Der Wert P^*_{Ar}, bei dem dieses Maximum liegt, hängt nicht merkbar vom Strom ab. Allerdings besteht eine Abhängigkeit vom Brompartialdruck, wobei man etwa folgende Werte angeben kann:

Tab. 6

P^*_{Ar} [Torr]	$P_{Br\,2}$ [Torr]
0,6	0,02
0,8	0,04

Bei anderen Kombinationen von i und $P_{Br\,2}$ jedoch bleibt ΔU bei Erhöhung des Argondruckes zunächst konstant und fällt dann sofort ab, ohne daß sich ein Maximum ausbildet. Dieser Abfall beginnt bei etwa 0,6 Torr und liegt somit in dem Bereich, wo sonst das Maximum liegen würde. Die Anzeichen sprechen dafür, daß für das Auftreten eines Maximums bzw. für den direkten Abfall etwa folgende Bedingung gilt:

$$\text{Für } \frac{i}{P_{Br\,2}} > 1400 \, \frac{mA}{Torr} \text{ bildet sich ein Maximum aus.}$$

$$\text{Für } \frac{i}{P_{Br\,2}} < 1400 \, \frac{mA}{Torr}$$

haben wir einen direkten Abfall von ΔU mit wachsendem Argonpartialdruck ohne Maximumausbildung. Als Beispiel betrachte man die Abb. 7, in der ΔU in Abhängigkeit vom Argonpartialdruck bei $P_{Br\,2} = 0,04$ Torr und i = 50 mA und i = 70 mA dargestellt ist.

Für i = 50 mA ist:

$$\frac{50}{0,04} \, \frac{mA}{Torr} = 1250 \, \frac{mA}{Torr} < 1400 \, \frac{mA}{Torr}$$

d. h. keine Maximumausbildung.

Für i = 70 mA ist:

$$\frac{70}{0,04} \, \frac{mA}{Torr} = 1750 \, \frac{mA}{Torr} > 1400 \, \frac{mA}{Torr}$$

d. h. Maximumausbildung.

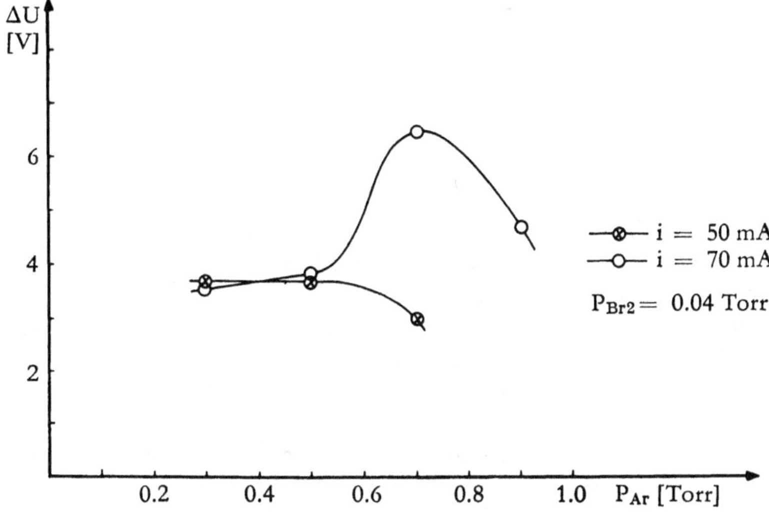

Abb. 7   Das Schichtpotential ΔU in Abhängigkeit vom Argonpartialdruck P_{Ar}

Für unsere Funktion F läßt sich nun folgern:

$$\frac{\partial F}{\partial P_{Ar}} \geq 0$$

1) für $P_{Ar} < P^*_{Ar}$ und

2) für $\dfrac{i}{P_{Br\,2}} > 1400 \dfrac{mA}{Torr}$

$$\frac{\partial F}{\partial P_{Ar}} \leq 0$$

a) entweder 1) für $P_{Ar} > P^*_{Ar}$ und

2) für $\dfrac{i}{P_{Br\,2}} > 1400 \dfrac{mA}{Torr}$

b) oder   für $\dfrac{i}{P_{Br\,2}} < 1400 \dfrac{mA}{Torr}$

4. Die elektrische Feldstärke im Bereich der leuchtenden Schichten

Als eine weitere Größe, die einen Aufschluß über den Entladungsmechanismus geben kann, wurde die elektrische Feldstärke im Bereich der leuchtenden Schichten angesehen. Es handelt sich hierbei um die Größe der Feldstärke in den Dunkelräumen zwischen den leuchtenden Zonen, also um die Steigung der Geradenstücke in den Intervallen Δx, wie dies in der Abb. 2 angedeutet ist. Der Quotient aus Strom und Feldstärke ist somit ein Maß für die elektrische Leitfähigkeit der Dunkelräume.

In der Tab. 7 sind die Meßergebnisse von E [V/cm] zusammengestellt. Zum Auffinden bestimmter E-Werte verfahre man wie bei der Tab. 2.

Analog zum Verhalten des Schichtpotentials ΔU in Abhängigkeit vom Strom i haben wir auch bei der Abhängigkeit der Feldstärke E vom Strom bei hohen Strömen ein Sättigungsgebiet. Im Unterschied zum Verlauf von ΔU fällt E zur Sättigungsfeldstärke E_c ab. In der Abb. 8 ist der charakteristische Verlauf von E am Beispiel $P_{Ar} = 0{,}7$ Torr und $P_{Br2} = 0{,}04$ Torr aufgetragen (vgl. Abb. 3).

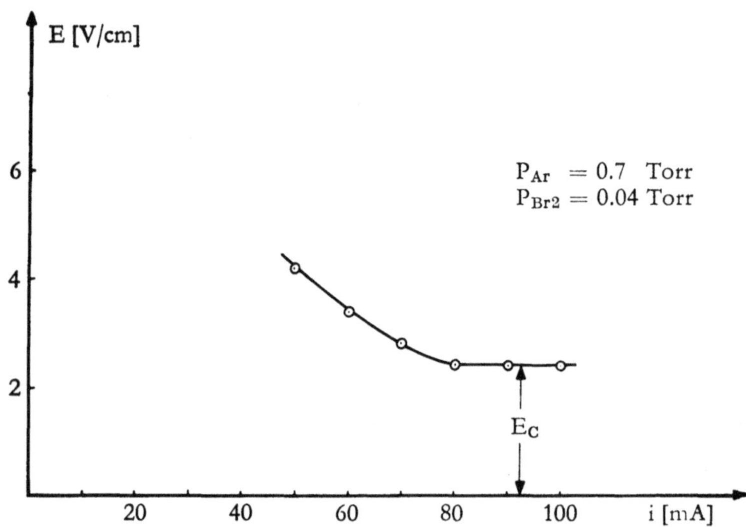

Abb. 8   Die elektrische Feldstärke E in Abhängigkeit vom Strom i

Der Sättigungswert E_c wird bei höherem Argondruck auch bei höheren Strömen i_c erst erreicht. Es gilt dabei im wesentlichen die Tab. 3. Für die Leitfähigkeit des

Dunkelraumes folgt somit, daß sie mit wachsendem Strom zunimmt. Wir kommen also zu der Feststellung

$$\frac{\partial E}{\partial i} \leq 0$$

für alle P_{Ar} und alle P_{Br2}.

Wiederum sehr interessant ist die Abhängigkeit vom Brompartialdruck. Betrachten wir die Abb. 9, in der E in Abhängigkeit vom Brompartialdruck $P_{Ar} = 0,7$ Torr und $i = 50$ bzw. 100 mA aufgetragen ist, und die Tab. 7, so stellen wir fest,

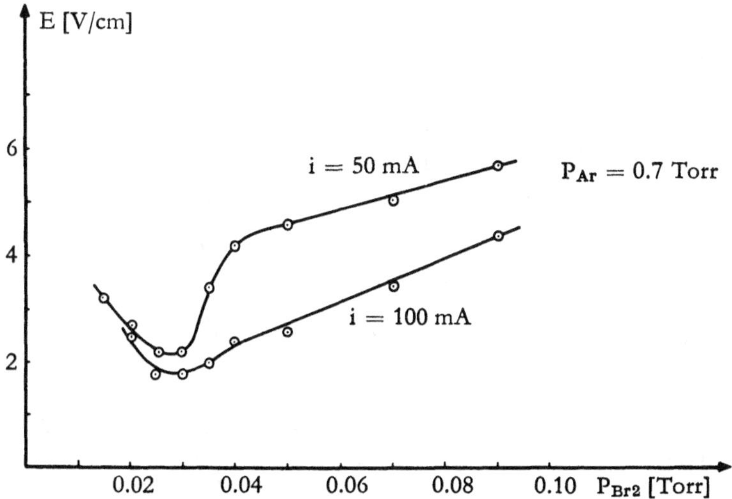

Abb. 9   Die elektrische Feldstärke E in Abhängigkeit vom Brompartialdruck P_{Br2}

daß E das reziproke Verhalten von ΔU zeigt. Zunächst fällt E ab, durchläuft ein Minimum und steigt dann wieder an. Auffällig ist die Tatsache, daß das Minimum von E praktisch bei dem Brompartialdruck liegt, bei dem ΔU ein Maximum durchläuft. Es gilt demzufolge für den Bromwert, bei dem das Minimum liegt, die Tab. 5. Damit kann man für E folgern:

$$\frac{\partial E}{\partial P_{Br2}} \leq 0 \qquad \text{für 1) } P_{Br2} \leq P^*_{Br2}$$
$$\text{2) alle Ströme}$$

$$\frac{\partial E}{\partial P_{Br2}} \geq 0 \qquad \text{für 1) } P_{Br2} \geq P^*_{Br2}$$
$$\text{2) alle Ströme}$$

(Vgl. Abschnitt 3 b.)

Bei der Abhängigkeit der Feldstärke E vom Argonpartialdruck P_{Ar} ist eine eindeutige Verhaltenstendenz nicht bemerkbar. Vor allen Dingen läßt sich eine ähn-

21

Tab. 7

P_{Ar} [Torr]	P_{Br2} [Torr]	20	30	40	50	i [mA] 60	70	80	90	100
0,3	0,005		1,8	1,8	1,8	1,8				
	0,01	2,2	2,0	1,8	1,8	1,8	1,9	1,9	1,8	1,9
	0,02	2,9	2,7	2,5	2,4	2,4	2,3	2,3	2,3	2,3
	0,03	3,3	2,9	2,5	2,5	2,5	2,5	2,4	2,5	2,4
	0,04	3,3	2,9	2,6	2,6	2,5	2,5	2,4	2,4	2,4
	0,05	3,4	2,9	2,7	2,7	2,7	2,6	2,5	2,5	2,5
0,5	0,01			2,5	2,2	2,3	2,2	2,2		
	0,02			2,7	2,2	1,5	1,5	1,5	1,5	1,5
	0,03			3,7	3,2	2,9	2,4	1,9	1,6	1,6
	0,04		4,4	3,9	3,3	3,1	3,1	3,1	3,1	3,1
	0,05			4,4	3,5	3,6	3,5	3,5	3,5	3,5
	0,07			4,7	3,9	3,9	3,8	3,8	3,7	3,7
0,7	0,015			3,7	3,2	2,9	2,9			
	0,02			2,9	2,7	2,5	2,6	2,5	2,5	2,5
	0,025				2,2	1,9	1,8	1,8	1,8	1,8
	0,03				2,2	1,9	1,8	1,8	1,7	1,8
	0,035				3,4	2,5	2,2	2,0	2,0	2,0
	0,04				4,2	3,4	2,8	2,4	2,4	2,4
	0,05				4,6	4,0	3,7	3,5	3,2	2,6
	0,07				5,1	4,8	4,4	4,0	3,5	3,5
	0,09				5,7	5,4	4,8	4,5	4,4	4,4
0,9	0,03						2,9	2,7	2,9	2,9
	0,04						2,9	2,5	2,5	2,4
	0,05						3,1	2,9	2,9	2,9
	0,06						5,1	4,4	4,0	4,0
	0,07						8,0	5,4	4,9	4,9

liche Regel wie im Abschnitt c) für ΔU hier nicht formulieren. Da P_{Ar} ungefähr der Gesamtdruck ist, wird es sich mit großer Sicherheit um eine zunächst unüberschaubare Überlagerung der gewöhnlichen Druckabhängigkeit des Gradienten mit den speziellen Entladungsbedingungen, die hier vorliegen, handeln. Wir wollen jedoch auf das Beispiel in der Abb. 7 zurückkommen und uns für diesen Fall die elektrische Feldstärke in Abhängigkeit von P_{Ar} ansehen (Abb. 10). Während für $i = 50$ mA E stetig ansteigt (ΔU war zunächst konstant und fiel dann ab), haben wir bei $i = 70$ mA ebenfalls zunächst einen geringen Anstieg, doch dann einen ebenso geringen Abfall. Während sich E in dem ausgemessenen Bereich nur um etwa 20% ändert, ändert sich ΔU um nahezu 100%. Auf diesen Umstand werden wir noch zurückkommen.

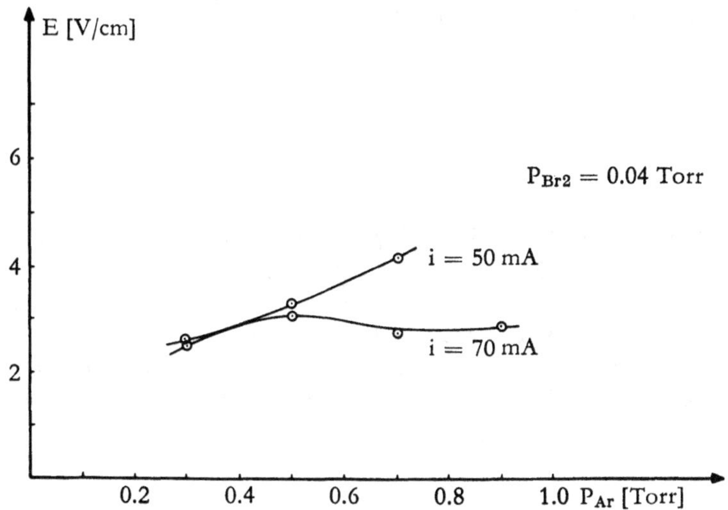

Abb. 10 Die elektrische Feldstärke E in Abhängigkeit vom Argonpartialdruck P_{Ar}

5. Der Abstand zweier aufeinanderfolgender leuchtender Schichten

In der Tab. 8 sind die Abstände d [cm] zweier aufeinanderfolgender leuchtender Schichten eingetragen. Wir stellen fest, daß d mit wachsendem Strom zunimmt und ebenfalls wie ΔU und E einem Sättigungswert zustrebt. Dagegen nimmt d mit wachsendem Brompartialdruck kontinuierlich ab. Ebenso nimmt d mit wachsendem Argonpartialdruck ab, sofern nur das Verhältnis $P_{Ar} : P_{Br2} = $ const ist. Diese Tatsachen waren bereits LAUBE [2] bekannt und sind leicht aus seinen Diagrammen ablesbar.

Tab. 8

P_{Ar} [Torr]	P_{Br2} [Torr]	20	30	40	50	60	70	80	90	100
						i [mA]				
0,3	0,005		4,7	5,2	5,2	5,2				
	0,01	2,6	3,5	3,7	3,7	3,7	3,5	3,5	3,5	3,5
	0,02	1,4	1,5	1,6	1,9	2,1	2,2	2,1	2,1	2,1
	0,03	1,0	1,1	1,2	1,3	1,4	1,4	1,4	1,4	1,4
	0,04	0,9	0,9	0,9	1,0	1,0	1,1	1,1	1,1	1,1
	0,05	0,8	0,8	0,9	0,9	0,9	0,9	0,9	1,0	1,0
0,5	0,01			4,4	4,7	4,7	4,7	4,7		
	0,02			2,0	2,3	2,7	3,0	3,0	3,1	3,1
	0,03			1,1	1,4	1,6	2,0	2,1	2,2	2,3
	0,04		0,7	0,9	1,0	1,1	1,2	1,3	1,4	1,5
	0,05			0,7	0,8	0,9	1,0	1,2	1,2	1,2
	0,07			0,5	0,6	0,7	0,8	0,8	0,8	0,9
0,7	0,015			2,7	3,5	3,6	3,8			
	0,02			3,3	3,4	3,5	3,5	3,5	3,5	3,5
	0,025				2,8	3,2	3,2	3,3	3,4	3,5
	0,03				1,9	2,1	2,5	2,7	2,9	3,1
	0,035				1,0	1,4	1,6	1,8	1,9	2,0
	0,04				0,9	1,0	1,4	1,5	1,7	1,9
	0,05				0,8	0,9	1,0	1,1	1,2	1,4
	0,07				0,5	0,6	0,7	0,8	0,9	1,1
	0,09				0,4	0,4	0,5	0,6	0,7	0,7
0,9	0,03						2,2	2,5	2,5	2,5
	0,04						1,6	2,0	2,4	2,8
	0,05						1,1	1,3	1,6	1,9
	0,06						0,9	1,1	1,2	1,2
	0,07						0,6	0,7	0,8	0,9

6. Deutung der Meßergebnisse

Eine qualitative Beschreibung der Vorgänge in den Dächern wurde bereits von
Laube [2] gegeben. Seinen Vorstellungen zufolge spielt sich dieser Mechanismus
etwa folgendermaßen ab:
Im Dunkelraum, auf der kathodischen Seite einer leuchtenden Schicht, werden
durch Abfangen von Elektronen durch Brommoleküle bzw. Bromatome negative
Ionen gebildet. Das dadurch bedingte Sinken der mittleren Beweglichkeit der
Ladungsträger führt zu einer Anhäufung negativer Raumladung. Diese hebt das
Feld an, so daß die verbliebenen Elektronen zusammen mit den positiven und
negativen Ionen den Strom transportieren können. Bei hinreichender Feldstärke
wird durch lebhafte Stoßionisation ein intensives Plasma erzeugt, aus dem Elektronen gegen die Anode in den sich anschließenden Dunkelraum hinein diffundie-
ren. Gleichzeitig wandern Ionen bis zur Rekombination in beide Richtungen.
Nun kann sich das Spiel wiederholen.
Wir müssen uns nun fragen, ob die Bildung von negativen Ionen nicht auf
energetische Schwierigkeiten stößt. Das Brommolekül benötigt zur Dissoziation
eine Energie von 1,97 eV; während bei der Anlagerung eines Elektrons an ein
Bromatom die Elektronenaffinität von 3,52 eV frei wird. Daher ist die Wahrscheinlichkeit groß, daß beim Zusammenstoß eines nicht zu schnellen Elektrons
mit einem Brommolekül ein negatives Ion gebildet wird:

$$Br_2 + e^- = Br + Br^- + 1,55 \text{ eV}$$

Die aus dem Feld gewonnene Energie der Elektronen wird somit bei einer reinen
Bromentladung schnell auf die schweren Teilchen übertragen. Die Elektronen-
temperatur bleibt niedrig, und die Wahrscheinlichkeit ist gering, daß durch nor-
male Stoßionisation positive Ionen und neue Elektronen entstehen. Daher beobachtet man auch in der reinen Bromentladung keine Dachbildung.
Die Verhältnisse liegen vollkommen anders, wenn dem Brom Argon in hohem
Überschuß beigemischt wird, wobei sich ein Mischungsverhältnis von etwa
$P_{Br_2} : P_{Ar} = 1 : 10$ günstig erweist. Da nun die Elektronen häufiger auf Argonatome stoßen als auf Brommoleküle, können sie im Felde genug Energie an-
sammeln, um das Argon (bzw. auch Brommoleküle und Bromatome) zu ionisie-
ren, ohne vorher ihre Energie durch Bildung negativer Ionen zu verlieren. Deshalb kann hier durch lokale Felderhöhung das intensive Plasma eines Daches entstehen.
Wie wir festgestellt haben, verursacht die leuchtende Schicht einen Potential-
sprung. Aus diesem Grunde muß sie ein relatives Maximum der Feldstärke enthalten, dessen Umgebung einer elektrischen Doppelschicht äquivalent ist. Unter

diesem Gesichtspunkt ist das Schichtpotential ΔU ein Maß für das Dipolmoment der leuchtenden Schicht. Die Ladungen des Dipols werden durch das durch negative Ionen gebildete negative Raumladungsgebiet und durch das als Folge der negativen Raumladung durch Stoßionisation hervorgerufene positive Raumladungsgebiet gebildet. Das Dipolmoment – und damit ΔU – wird nicht allein von der Größe der Ladungen, sondern auch von deren Abstand voneinander bestimmt.

Im Dunkelraum zwischen zwei leuchtenden Zonen nimmt die Dichte der Elektronen n_e in der Richtung Kathode–Anode ab, da auch hier negative Ionen durch Elektronenanlagerung gebildet werden. In der gleichen Weise muß demnach die Dichte der negativen Ionen n_- zunehmen. Wie LAUBE zeigte, ist die Zunahme des negativen Ionenstromes in der Richtung Kathode–Anode um die Rekombinationswirkung (mit positiven Ionen) kleiner als die Abnahme des Elektronenstromes, so daß wegen der Quasineutralität, die wir im Dunkelraum annehmen, auch die Dichte der positiven Ionen n_+ zunehmen muß.

Nähern wir uns nun von der Kathode her einer leuchtenden Schicht, so wird plötzlich eine starke negative Raumladung durch negative Ionen gebildet, d. h., n_- durchläuft ein Maximum. Daß es gerade an dieser Stelle zur vermehrten Bildung von negativen Ionen kommt, liegt mit großer Wahrscheinlichkeit daran, daß nun ein Großteil der Elektronen, die jetzt eine gewisse Wegstrecke seit ihrer Erzeugung in der vorhergehenden Schicht gelaufen sind, eine solche Energie erreicht haben, daß diese zur Dissoziation von Brommolekülen und zur damit verbundenen Elektronenanlagerung günstig ist. Gleichzeitig muß die Dichte der Elektronen ein Minimum durchlaufen. Die noch verbliebenen Elektronen verursachen in der dicht benachbarten Zone durch Stoßionisation ein positives Raumladungsgebiet mit einem Maximum von n_+. Erinnern wir uns jetzt einer gewissen Analogie zum Kathodenfall und zum negativen Glimmlicht. Im Kathodenfall und vor allem im negativen Glimmlicht haben wir auch ein Gebiet der Stoßionisation. Im Fallraum besteht eine starke und im negativen Glimmlicht eine schwache positive Raumladung. Nach FRANCIS [3] liegt das Maximum der negativen Raumladung, die durch Elektronen gebildet wird, im Faradayschen Dunkelraum, also, in Richtung Kathode-Anode gesehen, hinter dem positiven Raumladungsmaximum. Die absolute Raumladung ist hier ebenfalls negativ. Deshalb wird man nicht fehlgehen, wenn man hinter dem Maximum von n_+ ein Maximum der Elektronendichte n_e annimmt, da auch hier Elektronen ganz analog den Vorgängen im negativen Glimmlicht erzeugt werden. Somit liegt das Maximum der Feldstärke zwischen den Maxima von n_- und n_+. Zur Veranschaulichung betrachte man die Abb. 11.

Unter diesen Gesichtspunkten soll nun eine Deutung der vorhandenen Meßergebnisse erfolgen.

a) Bei konstantem Argonpartialdruck und konstantem Brompartialdruck (vgl. a)) hatten wir festgestellt, daß ΔU mit wachsendem Strom zunächst anstieg und dann einen Sättigungswert erreichte. Dieses Verhalten von ΔU ist verständlich, wenn wir gemäß dem oben Gesagten eine Interpretation versuchen, da durch die Er-

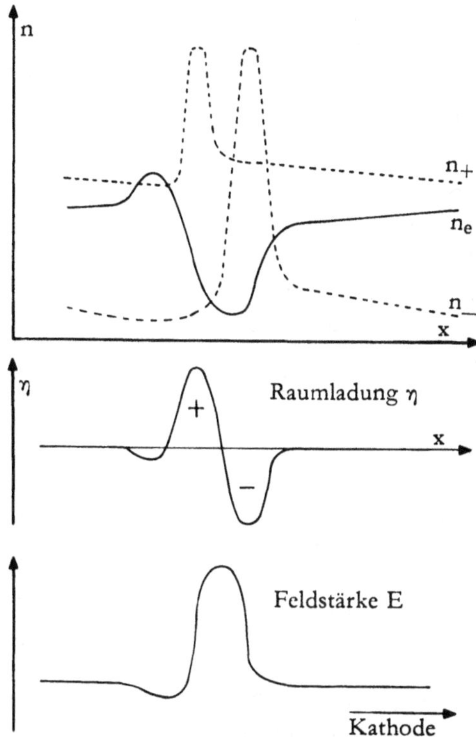

Abb. 11   Verlauf der Dichten n der einzelnen Ladungsträger

höhung der Ladungsträger – und dabei vor allen Dingen der Elektronen – beim Vorhandensein einer bestimmten Brommenge zunächst die Anzahl der negativen Ionen erhöht werden kann. Außerdem stehen dann immer mehr Elektronen zur Stoßionisation zur Verfügung, so daß auch die positive Raumladung vergrößert wird. Es muß jedoch ein Sättigungswert erreicht werden, da nicht mehr negative Ionen gebildet werden können, als Brom überhaupt in der Entladung vorhanden ist. Ähnliches Verhalten beobachtete LAUBE [2] bei seinen Versuchen mit einer Entladung in Pentan-Stickstoff, bei der das Gasgemisch vor dem Eintritt in das Hauptentladungsgefäß einer Vorentladung ausgesetzt wurde: Bei konstanter Stromstärke in der Hauptentladung erhielt er mehr Dächer, wenn er den Strom der Vorentladung steigerte. Er erreichte einen konstanten Endwert bei etwa 150 mA der Vorentladung. Offen bleibt hierbei, inwieweit ein Zusammenhang zwischen Dachanzahl und Schichtpotential besteht. Bemerkenswert erscheint es jedoch, daß auch hier ein konstanter Endzustand erreicht wird, der sich nicht mehr ändert, wenn einmal ein bestimmter Stromwert erreicht ist.

Im Abschnitt 4 hatten wir festgestellt, daß die elektrische Feldstärke E mit wachsendem Strom auf eine Sättigungsfeldstärke abfiel. Dies bedeutet, daß die Leitfähigkeit mit der Stromerhöhung zunimmt. Dieses Verhalten war zu erwarten: Der Stromtransport wird sowohl von den Elektronen als auch von den

positiven und negativen Ionen besorgt. Erhöht man nun den Gesamtstrom, so
muß der Anteil des Stromes, der durch die Ionen getragen wird, einer Sättigung
gemäß dem oben Gesagten zustreben, andererseits muß der Elektronenstrom zunehmen. Wegen der größeren Beweglichkeit der Elektronen gegenüber der der
Ionen nimmt dann die Leitfähigkeit zu, weil sich das Verhältnis: »Elektronendichte zu Ionendichte« zugunsten der Elektronendichte verschieben muß.

b) Betrachten wir nun das Schichtpotential in Abhängigkeit vom Brompartialdruck. Bei konstantem Strom und Argonpartialdruck hatten wir festgestellt, daß
ΔU mit steigendem Brompartialdruck anwuchs, ein Maximum durchlief und dann
wieder absank. Zunächst sind Elektronen im Überschuß da. Es wird eine Maxi-
malzahl der vorhandenen Brommoleküle durch Einfangen von Elektronen in
negative Ionen umgewandelt. Außerdem sind genügend Elektronen da, die nicht
durch Bildung von negativen Ionen verbraucht werden, sondern nach dem eingangs erklärten Mechanismus durch Stoßionisation ein intensives Plasma erzeugen können. Wird nun die Bromkonzentration erhöht, so können immer mehr
negative Ionen gebildet werden. Außerdem werden, da wir die Elektronenanzahl
im Überschuß angenommen haben, auch mehr positive Ionen erzeugt, weil die
Elektronen, die beim Prozeß der Negativen-Ionen-Bildung übrigbleiben, durch
das stärker angehobene Feld der negativen Ionen eine höhere Energie aufnehmen
können. Aber dann macht sich ein Prozeß bemerkbar, der eine Abnahme von ΔU
zur Folge hat. Es werden immer mehr Brommoleküle in negative Ionen über-
geführt; dabei gibt es immer weniger Elektronen, die bei diesem Vorgang übrigbleiben und dann durch das Feld eine solche Energie aufnehmen können, daß
diese zur Stoßionisation ausreicht. Die positive Raumladungsdichte nimmt dem-
gemäß ab. Auch im positiven Raumladungsgebiet nimmt mit wachsender Bromkonzentration die Wahrscheinlichkeit zu, daß hier negative Ionen gebildet werden.
Somit muß ΔU wieder abnehmen. Wir wollen uns diesen Sachverhalt einmal ver-
anschaulichen:

Wir betrachten die Zone, in der die negativen Ionen gebildet werden. Wir nehmen
zunächst der Einfachheit halber an, daß die Dichte der gebildeten negativen Ionen
der Bromkonzentration proportional ist. Damit ist die negative Raumladungsdichte in der betrachteten Zone ebenfalls dem Brompartialdruck proportional.
Hat diese Zone vor dem Bromeintritt in die Entladung das Potential V_0, so wird
bei wachsendem Bromgehalt das Potential an dieser Stelle sinken, da die negative
Raumladungsdichte ansteigt (vgl. die Gerade 1 in der Abb. 12). In der benachbarten Zone, wo durch Stoßionisation positive Ionen erzeugt werden, bildet sich ein
positives Raumladungsgebiet aus. Die positive Raumladungsdichte hängt gemäß
dem eingangs erklärten Mechanismus natürlich auch von der Bromkonzentration
ab, da es ja die negativen Ionen sind, die durch Feldanhebung die nötige Energie
für die Elektronen liefern. Wäre nun in dieser Zone kein Brom vorhanden und
ständen genügend Elektronen zur Stoßionisation zur Verfügung, so müßte die
positive Raumladungsdichte einem Grenzwert zustreben, da der Argonpartialdruck konstant ist. Ist die Zone positiver Raumladung nur wenig von der Zone
negativer Raumladung entfernt, so haben wir hier vor Einsetzen der Dachbildung

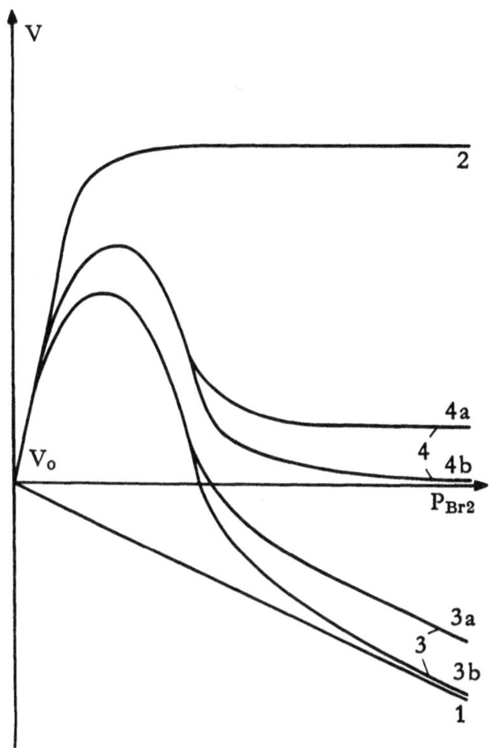

Abb. 12

etwa das gleiche Potential V_o wie oben. Damit wird der Potentialverlauf des positiven Raumladungsgebietes etwa durch die Kurve 2 in der Abb. 12 dargestellt. In Wirklichkeit ist auch in der positiven Raumladungszone Brom vorhanden, das in negative Ionen umgewandelt wird. Diese setzen nun mit wachsendem Bromgehalt in der Entladung die positive Raumladungsdichte immer mehr herab. Gleichzeitig läuft der folgende Prozeß: Da der Strom konstant ist, werden bei steigendem Bromgehalt immer mehr Elektronen durch das Brom eingefangen, und es stehen immer weniger für die Stoßionisation zur Verfügung. Auch dies hat eine Verminderung der positiven Raumladungsdichte zur Folge. Der wahre Potentialverlauf wird dann nicht durch die Kurve 2 dargestellt, sondern er wird durch die eben genannten Prozesse in die Kurve 3 abgewandelt. Die Kurven 1 und 3 müssen bei hohen Brompartialdrucken zusammenlaufen, da dann das Argon gegenüber dem Brom zu vernachlässigen ist. Wir nähern uns dann einer reinen Bromentladung, bei der die Stoßionisation keine Rolle mehr spielt. Die Differenz zwischen den beiden Raumladungspotentialen (Kurven 1 und 3) ist die gemessene Spannung ΔU (Kurve 4).

Bei kleinen Drucken ist die Wahrscheinlichkeit geringer, daß durch Einfangen von Elektronen durch Brom im positiven Raumladungsgebiet die positive Raumladungsdichte herabgesetzt wird, da die Elektronen wegen ihrer größeren freien

Weglänge eine so große Energie aufnehmen, daß sie nicht mehr unter Bildung negativer Ionen mit Brom reagieren können. Dies hat zur Folge, daß sich die Kurve 3 erst bei viel höherem Brompartialdruck der Kurve 1 annähert (Kurve 3a), als dies bei hohem Druck der Fall ist (Kurve 3b). Dies erklärt auch den fast konstanten Verlauf von ΔU bei hohem Brompartialdruck und kleinem Gesamtdruck (Kurve 4a).

Wenden wir uns jetzt dem Verhalten der elektrischen Feldstärke E in Abhängigkeit vom Brompartialdruck zu. Wir hatten festgestellt, daß E zunächst abfällt, ein Minimum an der Stelle durchläuft, an der ΔU ein Maximum hat, und dann wieder ansteigt. Damit zeigt die Leitfähigkeit des Dunkelraumes im wesentlichen dasselbe Verhalten wie ΔU. Dies ordnet sich gut in die eben gemachten Aussagen ein: In dem Gebiet vor dem Maximum von ΔU werden immer mehr positive Ionen bei steigender Bromkonzentration durch Stoßionisation gebildet. Die damit verbundene vermehrte Produktion an Elektronen hat zur Folge, daß auch immer mehr Elektronen in den sich anschließenden Dunkelraum gelangen. Da der Strom konstant gehalten wird, muß der Elektronenstrom gegenüber den Ionenströmen ansteigen, was auf Grund der größeren Beweglichkeit der Elektronen ein Sinken der Feldstärke nach sich zieht. In dem Gebiet, das hinter dem Maximum von ΔU liegt, tritt ein immer stärker werdender Elektronenmangel dadurch auf, daß bei erhöhter Bromkonzentration die Wahrscheinlichkeit für die Bildung negativer Ionen wächst, so daß auch für die Stoßionisation und die Neubildung von Elektronen immer weniger zur Verfügung stehen. Der Stromtransport dürfte dann in zunehmendem Maße durch die negativen Ionen besorgt werden. Dies hat zur Folge, da nun der Strom der negativen Ionen mit ihrer kleineren Beweglichkeit verstärkt in Erscheinung tritt, daß bei konstantem Gesamtstrom die Feldstärke E wieder steigen muß. Diese Feststellungen erlauben nun auch die Aussage, daß ΔU als Dipolmoment der Doppelschicht im wesentlichen von den Ladungen und nicht von deren Abstand voneinander bestimmt wird. Würde das Sinken von ΔU bei hohem Brompartialdruck seine Ursache allein in dem Zusammenrücken der Raumladungsgebiete haben, so müßte die Elektronen-Neuproduktion in gewissen Grenzen nahezu konstant sein (da sich ja die positive Raumladung nicht ändert), so daß auch in den Zwischenräumen zwischen den leuchtenden Schichten der von den Elektronen getragene Strom konstant ist. Daß die Elektronen nicht zum Großteil im Zwischenraum eingefangen werden können, ist klar, weil in der nächsten Schicht wieder genügend zur Bildung von positiven Ionen zur Verfügung stehen müssen. Dies widerspricht aber eindeutig den Meßergebnissen. Man wird jedoch in Rechnung stellen müssen, daß bei sehr hohen Bromdrucken der Gesamtdruck entscheidend erhöht wird, so daß auf Grund dessen dann eine Verringerung des Abstandes beider Raumladungsgebiete erfolgt. Man kann allerdings sagen, daß auch dann die Ladungsabhängigkeit des Dipolmomentes die Abstandsabhängigkeit verdecken wird.

c) Wenden wir uns nun den Diagrammen zu, die ΔU in Abhängigkeit vom Argonpartialdruck ($\approx$ Gesamtdruck) zeigen. Dabei müssen wir zwei Fälle unterscheiden. Halten wir den Brompartialdruck konstant, so haben wir bei Erhöhung des Argondruckes und bei kleinen Strömen zunächst einen konstanten Verlauf und darauf einen Abfall (vgl. Abb. 7). Es steht nur eine begrenzte Anzahl von Elektronen zur Verfügung, die beim Prozeß der Bildung von negativen Ionen übrigbleiben. Bei der Erhöhung des Argongehaltes in der Entladung wird zwar die Anzahl der Argonatome erhöht, aber, da der Strom konstant ist und man bei konstantem Bromgehalt kaum eine Änderung der Anzahl der übrigbleibenden Elektronen erwarten kann, ändern sich die Verhältnisse nicht wesentlich. Wenn der Druck aber zu große Werte annimmt, so können die Elektronen auf Grund der Verminderung der freien Weglänge keine solche Energie mehr im Felde gewinnen, daß diese zur Stoßionisation ausreicht. Vielmehr wächst nun die Wahrscheinlichkeit, daß auch im positiven Raumladungsgebiet vermehrt negative Ionen gebildet werden. Auch wird mit steigendem Druck der Abstand der beiden Raumladungsgebiete abnehmen.

Diese Verhältnisse können einschneidend verändert werden, wenn durch Stromerhöhung die Zahl der Ladungsträger vermehrt wird. In diesem Fall ist es klar, daß die Wahrscheinlichkeit für die Erzeugung positiver Ionen mit dem Steigen des Argongehaltes wächst, da einerseits genug Elektronen da sind und andererseits genügend Argonatome, die ionisiert werden können. Wir bekommen somit ein Ansteigen von ΔU. So erklärt sich auch der merkwürdige Zusammenhang zwischen Strom i und Brompartialdruck P_{Br_2} im Abschnitt c). Nimmt auch hier der Druck so große Werte an, daß auf Grund der Verminderung der freien Weglänge die Elektronen nicht mehr die nötige Energie aufnehmen können, fällt ΔU wieder ab. Im gleichen Sinne wirkt die Druckerhöhung auf den Abstand der beiden Raumladungsgebiete. Dies wird besonders beim Betrachten der Abb. 7 und 10 deutlich. Man wird sogar sagen können, daß die Druckabhängigkeit des Abstandes der Raumladungsgebiete alle anderen Effekte, die eine Verkleinerung von ΔU bewirken, überragt. In dem Bereich von 0,7 Torr bis 0,9 Torr, in dem ΔU sinkt (i $=$ 70 mA), sinkt auch ganz geringfügig E. Dies deutet darauf hin, daß in diesem Bereich sogar mehr Elektronen durch Stoßionisation produziert werden, also die positive Raumladungsdichte wächst. Ein Sinken von ΔU ist somit letztlich nur durch eine Abnahme des Abstandes der Raumladungsgebiete erklärbar.

7. Zusammenfassung

Zusammenfassend kann man also sagen: Die Meßergebnisse legen es nahe, den Spannungssprung ΔU bei Durchquerung einer leuchtenden Schicht als Maß für das Dipolmoment einer elektrischen Doppelschicht zu betrachten, die durch negative Ionen und durch Stoßionisation gebildete positive Ionen hervorgerufen wird. Damit ist für den Mechanismus der sogenannten Dachbildung in bestimmten Gasen und Gasgemischen nicht nur die Bildung von negativen Ionen von Bedeutung, obwohl diese primär notwendig ist, sondern auch die Bildung positiver Ionen durch Stoßionisation ist für das Entstehen eines Daches von ausschlaggebender Wichtigkeit. Daher wird nur ein solches Gas bzw. Gasgemisch in der Lage sein, Dächer in der Entladung hervorzubringen, das die Fähigkeit besitzt, negative und positive Ionen nebeneinander je in ausreichender Anzahl zu erzeugen, wobei die Energien, die zur Bildung der Ionen notwendig sind, sich in geeigneten Grenzen bewegen müssen.

An dieser Stelle gilt mein persönlicher Dank Herrn Professor Dr. phil. WALTER WEIZEL, der mir die Ausführung dieser Arbeit ermöglichte und durch wertvolle Anregungen hilfreich zur Seite stand.

Dipl.-Phys. PAUL THOMAS

Literaturverzeichnis

[1] Druyvesteyn, M. J., Z. Phys. 73 (1932).
[2] Laube, F., Diss., Bonn 1960, bzw. Weizel, W., und Laube, F., Schichten im Faradayschen Dunkelraum der Glimmentladung und elektrochemische Eigenschaften des Entladungsgases, Forschungsbericht des Landes Nordrhein-Westfalen Nr. 857 (1960).
[3] Francis, G., Handbuch d. Physik, Bd. 22, 1956.
[4] Weizel, W., Lehrbuch der Theoretischen Physik, Bd. I und II.

FORSCHUNGSBERICHTE
DES LANDES NORDRHEIN-WESTFALEN

Herausgegeben im Auftrage des Ministerpräsidenten Dr. Franz Meyers
von Staatssekretär Prof. Dr. h. c. Dr.-Ing. E. h. Leo Brandt

PHYSIK

HEFT 10
Prof. Dr. W. Vogel, Köln
„Das Streifenpaar" als neues System zur mechanischen Vergrößerung kleiner Verschiebungen und seine technischen Anwendungsmöglichkeiten
1953, 20 Seiten, 6 Abb., DM 4,50

HEFT 62
Prof. Dr. W. Franz, Institut für theoretische Physik der Universität Münster
Berechnung des elektrischen Durchschlags durch feste und flüssige Isolatoren
1954, 36 Seiten, DM 7,—

HEFT 103
Prof. Dr. W. Weizel, Bonn
Durchführung von experimentellen Untersuchungen über den zeitlichen Ablauf von Funken in komprimierten Edelgasen sowie zu deren mathematischen Berechnung
1955, 32 Seiten, 12 Abb., DM 9,10

HEFT 104
Prof. Dr. W. Weizel, Bonn
Über den Einfluß der Elektroden auf die Eigenschaften von Cadmium-Sulfid-Widerstands-Photozellen
1955, 48 Seiten, 12 Abb., DM 9,45

HEFT 107
Prof. Dr. H. Lange und Dipl.-Phys. P. St. Pütter, Köln
Über die Konstruktion von Laboratoriumsmagneten
1955, 66 Seiten, 19 Abb., 1 Tabelle, DM 12,30

HEFT 122
Prof. Dr. W. Fucks †, Aachen
Untersuchungen zur Verbesserung der Wasseraufbereitung und Wasseranalyse:
Über die Schnellbewertung von Ionenaustauschern
1955, 48 Seiten, 32 Abb., DM 12,30

HEFT 125
Prof. Dr. E. Kappler, Münster
Eine neue Methode zur Bestimmung von Kondensations-Koeffizienten von Wasser
1955, 46 Seiten, 11 Abb., 1 Tabelle, DM 9,10

HEFT 141
Dr. J. van Calker und Dr. R. Wienecke, Münster
Untersuchungen über den Einfluß dritter Analysenpartner auf die spektrochemische Analyse
1955, 42 Seiten, 15 Abb., DM 9,10

HEFT 145
Dr. G. Hennemann, Werdohl (Westf.)
Beitrag zur Interpretation der modernen Atomphysik
1955, 34 Seiten, DM 10,—

HEFT 148
Prof. Dr. H. Bittel und Dipl.-Phys. L. Strom, Münster
Untersuchungen über Widerstandsrauschen
1955, 40 Seiten, 5 Abb., DM 8,40

HEFT 157
Dr. W. Jawtusch, Dr. G. Schuster und Prof. Dr.-Ing. R. Jaeckel, Bonn
Untersuchungen über die Stoßvorgänge zwischen neutralen Atomen und Molekülen
1955, 48 Seiten, 15 Abb., 3 Tabellen, DM 10,50

HEFT 169
Forschungsinstitut für Pigmente und Lacke, Stuttgart
Arbeiten über die Bestimmung des Gebrauchswertes von Lackfilmen durch physikalische Prüfungen
1955, 70 Seiten, 23 Abb., 4 Tabellen, DM 15,—

HEFT 174
Prof. Dr. phil. C. v. Fragstein, Dr. J. Meingast und H. Hoch, Köln
Herstellung von Solen einheitlicher Teilchengröße und Ermittlung ihrer optischen Eigenschaften
1955, 78 Seiten, 80 Abb., 4 Tabellen, DM 18,25

HEFT 178
Prof. Dr. M. v. Stackelberg und Dr. W. Hans, Bonn
Untersuchungen zur Ausarbeitung und Verbesserung von polarographischen Analysenmethoden
1955, 46 Seiten, 14 Abb., DM 10,50

HEFT 187
Dipl.-Ing. F. Göttgens, Essen
Über die Eigenarten der Bimetall-, Thermo- und Flammenionisationssicherungsmethode in ihrer Anwendung auf Zündsicherungen
1955, 40 Seiten, 6 Abb., 4 Tabellen, DM 8,40

HEFT 189
Fa. E. Leybold's Nachfolger, Köln
I. Ausgewählte Kapitel aus der Vakuumtechnik
II. Zum Verlust anorganisch-nichtflüchtiger Substanzen während der Gefriertrocknung
1955, 52 Seiten, 16 Abb., 3 Tabellen, DM 11,20

HEFT 194
Dr. K. Hecht, Köln
Entwicklung neuartiger physikalischer Unterrichtsgeräte
1955, 42 Seiten, 16 Abb., DM 9,90

HEFT 209
Dr. K. Bunge, Leverkusen
Materialabbau in Funkenentladungen. Untersuchungen an Zinkkathoden
1956, 54 Seiten, 10 Abb., 5 Tabellen, DM 11,40

HEFT 210
Dr. W. Porschen und Prof. Dr. W. Riezler, Bonn
Langlebige Alphaaktivitäten bei natürlichen Elementen
1955, 40 Seiten, 5 Abb., 4 Tabellen, DM 8,80

HEFT 233
Dr. H. Haase, Hamburg
Infrarot-Bibliographie
1956, 90 Seiten, DM 17,80

HEFT 251
Prof. Dr. H. Bittel, Münster
Zur Statistik der ferromagnetischen Elementarvorgänge und ihren Einfluß auf das Barkhausenrauschen
1956, 52 Seiten, 14 Abb., DM 11,65

HEFT 259
Prof. Dr. W. Linke, Aachen
Strömungsvorgänge in künstlich belüfteten Räumen
1956, 52 Seiten, 37 Abb., 1 Tabelle, DM 11,80

HEFT 264
Prof. Dr. W. Weizel, Bonn
Durch schnelle Funkenzusammenbrüche ausgelöste Signale auf einer Leitung
1956, 26 Seiten, 4 Abb., 3 Tabellen, DM 6,10

HEFT 267
Prof. Dr. W. Weizel und B. Brandt, Bonn
Zur Stabilität stromstarker Glimmentladungen
1956, 36 Seiten, 7 Abb., DM 8,40

HEFT 299
Dr. J. Fassbender und W. Hoppe, Bonn
Eine photoelektrische Nachlaufeinrichtung für Analogie-Rechenmaschinen
1956, 20 Seiten, 8 Abb., DM 7,65

HEFT 326
Prof. Dr.-Ing. E. Essers, Dr.-Ing. J. Essers und Dipl.-Ing. J. Klein, Aachen
Deichselkräfte an Lastzügen
1957, 96 Seiten, 34 Abb., DM 22,10

HEFT 329
Dipl.-Ing. A. Krüger, Karlsruhe und Feuerwehr-Ing. R. Radusch, Dortmund
Wasserzerstäubung im Strahlrohr
1956, 78 Seiten, 21 Abb., 3 Tabellen, DM 18,65

HEFT 330
Dr.-Ing. E. Pepping, Aachen
Die Durchflußzahl des Rechteckschlitzes in einer sehr großen Wand
1957, 54 Seiten, 21 Abb., DM 12,35

HEFT 332
Prof. Dr.-Ing. R. Jaeckel und Dr. G. Reich, Bonn
Messung von Dampfdrücken im Gebiet unter 10^{-2} Torr
1956, 34 Seiten, 16 Abb., 2 Tabellen, DM 10,40

HEFT 334
Prof. Dr. W. Weizel und Dr. G. Meister, Bonn
Spektralanalyse durch Messung des Interferenz-Kontrastes
1956, 42 Seiten, 8 Abb., DM 9,30

HEFT 335
Prof. Dr. W. Weizel und H. Hornberg, Bonn
Untersuchungen der anodischen Teile einer Glimmentladung
*1957, 50 Seiten, 21 Abb., 19 Farbabb., 1 Tabelle
DM 32,80*

HEFT 341
Prof. Dr.-Ing. H. Winterhager und Dipl.-Ing. L. Werner, Aachen
Präzisions-Meßverfahren zur Bestimmung des elektrischen Leitvermögens geschmolzener Salze
1956, 44 Seiten, 19 Abb., 1 Tabelle, DM 10,60

HEFT 344
Prof. Dr.-Ing. W. Fucks, Aachen
Zur Deutung einfachster mathematischer Sprachcharakteristiken
1956, 38 Seiten, 12 Abb., DM 7,80

HEFT 356
Dipl.-Phys. G. Gurke, Aachen
Aufbau einer Meßanlage für Untersuchungen elektrischer Gasentladung im Bereiche großer p. d.-Werte
1956, 38 Seiten, 13 Abb., 1 Tabelle, DM 8,65

HEFT 357
Prof. Dr.-Ing. W. Fucks, Aachen
Mathematische Analyse der Formalstruktur von Musik
1958, 54 Seiten, 29 Abb., 16 Tabellen, DM 13,60

HEFT 361
Dipl.-Ing. H. F. Klein, Aachen
Die nichtstationären Strömungsvorgänge und der Wärmeübergang in einem Schwingfeuergerät
1957, 84 Seiten, 34 Abb., 4 Falttafeln, DM 25,90

HEFT 368
Prof. Dr. phil. H. Kaiser, Dortmund
Entwicklung betriebsmäßiger spektrochemischer Analysenverfahren für technische Gläser
1957, 40 Seiten, 11 Abb., DM 9,10

HEFT 369
Dipl.-Phys. F. J. Schittko, Bonn
Gasabgabe von Werkstoffen ins Vakuum
1957, 48 Seiten, 20 Abb., 6 Tabellen, DM 13,30

HEFT 375
Technischer Überwachungsverein e. V., Essen
Wanddickenmessungen mittels radioaktiver Strahlen und Zählrohrgerät
1958, 38 Seiten, 15 Abb., DM 9,55

HEFT 380
Dipl.-Phys. R. Trappenberg, Karlsruhe
Theoretische und experimentelle Untersuchungen zur Staubverteilung einer Rauchfahne
1957, 64 Seiten, 7 Abb., 18 Tabellen, DM 14,90

HEFT 386
Prof. Dr.-Ing. H. Opitz und Dipl.-Ing. O. Hake, Aachen
Standzeituntersuchungen und Verschleißmessungen mit radioaktiven Isotopen
1958, 36 Seiten, 33 Abb., 3 Tabellen, DM 12,75

HEFT 404
Prof. Dr. R. Jaeckel und Dipl.-Phys. F. Gross, Bonn
Die Löslichkeit von Gasen in schwerflüchtigen organischen Flüssigkeiten
1957, 46 Seiten, 17 Abb., 1 Tabelle, DM 11,50

HEFT 415
Prof. Dr.-Ing. W. Paul, Dr. rer. nat. O. Osberghaus und Dipl.-Phys. E. Fischer, Bonn
Ein Ionenkäfig
1958, 42 Seiten, 18 Abb., 2 Tabellen, DM 13,65

HEFT 419
Dipl.-Ing. K. Brocks, Mülheim (Ruhr)
Die Messungen der Reflexionseigenschaften künstlicher und natürlicher Materialien mit quasi-optischen Methoden bei Mikrowellen
1957, 78 Seiten, 52 Abb., DM 20,35

HEFT 420
Dipl.-Ing. M. Vogel, Oberpfaffenhofen
Das Spektralgebiet zwischen dem langwelligen Ultrarot und Mikrowellen
1957, 56 Seiten, 2 Abb., DM 13,50

HEFT 432
Dipl.-Phys. Dr. R. Werz, Bonn
Die Entwicklung einer Synchrozyklotron-Ionenquelle
1958, 122 Seiten, 90 Abb., 1 Tabelle, DM 30,30

HEFT 439
Prof. Dr. phil. H. Lange, Köln, und Dr. rer. nat. R. Kohlhaas, Neuß a. Rhein
Anwendung der thermomagnetischen Analyse zum Studium des Umwandlungsverhaltens von Eisenwerkstoffen im Temperaturbereich von $-150°C$ bis $+1500°C$
1958, 96 Seiten, 72 Abb., 2 Tabellen, DM 27,10

HEFT 443
Prof. Dr. phil. W. Weizel und K. Kluth, Bonn
Über die Struktur der positiven Gleitentladungen
1957, 44 Seiten, 30 Abb., DM 12,20

HEFT 450
Prof. Dr.-Ing. W. Paul, Bonn, und Dipl.-Phys. H. P. Reinhard, Mönchengladbach
Das elektrische Massenfilter als Isotopentrenner
1958, 56 Seiten, 20 Abb., DM 13,50

HEFT 459
Prof. Dr. phil. F. Wever, Dr. phil. O. Krisement und H. Schädler, Düsseldorf
Ein isothermes Mikrokalorimeter zur kinetischen Messung von Umwandlungs- und Ausscheidungsvorgängen in Legierungen
1957, 32 Seiten, 14 Abb., DM 10,75

HEFT 460
Prof. Dr. phil. F. Wever und Dr. rer. nat. B. Ilschner, Düsseldorf
Ein isothermes Lösungskalorimeter zur Bestimmung thermo-dynamischer Zustandsgrößen von Legierungen
1957, 32 Seiten, 7 Abb., 4 Tabellen, DM 10,40

HEFT 502
Prof. Dr. M. Diem und Dr. R. Trappenberg, Karlsruhe
Berechnung der Ausbreitung von Staub und Gas
1957, 18 Seiten Text und 67 z. T. großformatige zweifarbige Diagramme, DM 37,30

HEFT 504
*Prof. Dr. phil. F. Wever, Dr. phil. W. Winke und
Dr. rer. nat. W. Jellinghaus, Düsseldorf*
Versuchsanordnung zur Messung der Suszeptibili-
tät paramagnetischer Stoffe und Meßergebnisse an
Nickel-Chrom- und Kobalt-Nickel-Chrom-Werk-
stoffen
1958, 38 Seiten, 10 Abb., 2 Tabellen, DM 9,95

HEFT 507
*Prof. Dr. H. Kaiser, Dortmund, Dr. G. Bergmann,
Dortmund, und Priv.-Doz. Dr. G. Kresze, Berlin*
Kartei zur Dokumentation in der Molekülspektro-
skopie
1958, 34 Seiten, 3 Abb., 6 Tabellen, DM 11,90

HEFT 510
*Prof. Dr. rer. nat. W. Groth, Dr.-Ing. K. Bayerle,
Dr. rer. nat. H. Ihle, Dr. rer. nat. A. Murrenhoff,
E. Nann und Dr. rer. nat. K. H. Welge, Bonn*
Anreicherung der Uranisotope nach dem Gaszentri-
fugenverfahren
1958, 76 Seiten, 43 Abb., DM 21,20

HEFT 516
*Prof. Dr.-Ing. H. Müller, Dipl.-Ing. F. Reinke und
Dipl.-Ing. W. Sorgenicht, Essen*
Gesamtstrahlungsmessungen der Temperatur-
strahlung
1958, 82 Seiten, 18 Abb., DM 22,80

HEFT 519
*Prof. Dr. phil. F. Wever, Dr. phil. W. Koch und
Dr. phil. S. Eckhard, Düsseldorf*
Die spektrographische Bestimmung der Spuren-
elemente in Stahl ohne vorherige Abbrennung
1958, 36 Seiten, 22 Abb., DM 12,60

HEFT 527
Dr. rer. nat. K. G. Müller, Hanau/W.
Wärmeübertragung auf eine Flugstaubströmung
im senkrechten Rohr sowie auf eine durchströmte
Schüttgutschicht
1958, 74 Seiten, 34 Abb., 7 Tabellen, DM 20,70

HEFT 537
Dr.-Ing. N. Gössl, Frankfurt a. M.
Probleme der Zugförderung im Zusammenhang
mit der Ausnutzung der Atom-Energie
1958, 116 Seiten, 28 Abb., 12 Tabellen, DM 29,90

HEFT 548
Prof. Dr.-Ing. K. Leist und Dr.-Ing. J. Weber, Aachen
Spannungsoptische Untersuchungen von Tur-
binenscheiben mit angefrästen und eingesetzten
Schaufeln
1958, 28 Seiten, 28 Abb., 4 Tabellen, DM 8,30

HEFT 549
Dr.-Ing. R. Merten, Duisburg
Resonanzanpassung bei einem Tiefpaß
1958, 22 Seiten, 16 Abb., DM 9,—

HEFT 550
Dr. H. Stephan, Bonn
Elektrisches Standhöhenmeßgerät für Flüssigkeiten
1958, 26 Seiten, 13 Abb., 2 Tabellen, DM 10,10

HEFT 551
*Prof. Dr. phil. W. Weizel und Dipl.-Phys. B. Brandt,
Bonn*
Betriebsbedingungen einer stromstarken Glimment-
ladung
1958, 68 Seiten, 18 Abb., DM 16,—

HEFT 567
Dr. rer. nat. K. Sauerwein, Düsseldorf
Anwendungen radioaktiver Isotope in der Technik
1958, 74 Seiten, 33 Abb., 9 Tabellen, DM 19,60

HEFT 583
*Prof. Dr. phil. F. Kirchner, Dipl.-Phys. H. Baron und
Dipl.-Phys. H. Kirchner, Köln*
Verwendbarkeit von Zählrohren zu massenspektro-
metrischen Untersuchungen
1958, 12 Seiten, 5 Abb., DM 6,70

HEFT 590
Übergabe des Synchro-Zyklotrons an das Institut
für Strahlen- und Kernphysik der Universität Bonn
am 8. Mai 1957
1958, 52 Seiten, 16 Abb., DM 16,50

HEFT 594
Prof. Dr. A. Nikuradse, München
Energieabsorption von Atomkernstrahlen in
organischen Stoffen und durch sie hervorgerufene
Reaktionsprozesse
1958, 56 Seiten, 13 Abb., 2 Tabellen, DM 15,10

HEFT 595
*Prof. Dr. A. Nikuradse und Dipl.-Phys. K. Kugler,
München*
Einfluß der molekularen bzw. atomaren Be-
schaffenheit der Festwandoberflächenschicht auf
die Wechselwirkung zwischen auftretenden Gas-
molekülen und der Wand
1958, 16 Seiten, 9 Abb., DM 8,40

HEFT 608
*Prof. Dr. habil. W. Linke und
Dipl.-Ing. W. Hufschmidt, Aachen*
Wärmeübergang bei pulsierender Strömung
1958, 30 Seiten, 18 Abb., DM 9,—

HEFT 615
Prof. Dr. W. Weizel und D. H. Whang, Bonn
Stromverteilung auf der Kathode einer Glimmentladung in Spalten bei hohen Drücken und abseits
stehender Anode
1958, 28 Seiten, 16 Abb., DM 8,80

HEFT 616
Prof. Dr. W. Weizel und W. Ohlendorf, Bonn
Die Glimmentladung in spalartigen Entladungs-
räumen
1958, 38 Seiten, 18 Abb., DM 10,70

HEFT 622
Prof. Dr. W. Franz, Münster
Theorie der Elektronenbeweglichkeit in Halbleitern
1958, 40 Seiten, 9 Abb., DM 10,80

HEFT 642
Dr.-Ing. H.-J. Eckhardt, Essen
Die dielektrische Trocknung bei erniedrigtem Luftdruck mit Beiträgen zum physikalischen Verhalten der Mischkörper
1958, 66 Seiten, 24 Abb., DM 17,10

HEFT 643
Max-Planck-Institut für Silikatforschung, Würzburg
Spannungsmessungen an Schleifkörpern
1958, 38 Seiten, 22 Abb., DM 11,70

HEFT 651
Dr.-Ing. A. Eisenberg, Dortmund
Versuche zur Körperschalldämmung in Gebäuden
1958, 26 Seiten, 20 Abb., DM 8,10

HEFT 652
Dr. phil. nat. H. Haase, Hamburg
Infrarot - Bibliographie II
1959, 42 Seiten, DM 11,—

HEFT 653
Prof. Dr. K. Hamann und Dr. W. Funke, Stuttgart
Die Schutzwirkung organischer Inhibitoren in wäßriger Lösung gegenüber Eisen
1958, 72 Seiten, 31 Abb., DM 18,70

HEFT 656
Prof. Dr. E. Jenckel und Dr. H. Huhn, Aachen
Das Verkleben von Aluminium mit carboxylsubstituiarten Polystrolen
1958, 42 Seiten, 16 Abb., 3 Tabellen, DM 11,60

HEFT 657
Prof. Dr. W. Weizel und Dr. H. Herrmann, Bonn
Glimmentladungen an festen nichtmetallischen Elektroden
1959, 14 Seiten, 2 Abb., 1 Tabelle, DM 5,—

HEFT 662
Prof. Dr. phil. H. Lange und Dr. rer. nat. R. Kohlhaas, Köln
Über die Konstruktion von Laboratoriumsmagneten
2. Teil: Technische Ausführung verschiedener Magnettypen
1958, 30 Seiten, 20 Abb., 3 Tabellen, DM 9,80

HEFT 683
Prof. Dr.-Ing. R. Jaeckel und Dr. rer. nat. H. H. Kutscher, Bonn
Das Verhalten von Überschallströmungen bei Drücken unter 1 Torr
1959, 61 Seiten, 43 Abb., 12 Farbtafeln DIN A 4, DM 50,—

HEFT 684
Prof. Dr. sc. techn. F. Schultz-Grunow und Dr.-Ing. H. Hein, Aachen
Beiträge zur Grenzschichtströmung
1959, 66 Seiten, 49 Abb., 1 Tabelle, DM 19,—

HEFT 687
Prof. Dr. E. Kappler, Dr. H. Frinken und cand. phys. J. Vanheiden, Münster
Teil I: Das elastische Verhalten der Metalle beim Zugversuch im Bereich der plastischen Verformung.
Teil II: Untersuchungen über das elastische Verhalten metallischer Werkstoffe im Bereich der plastischen Verformung beim Brinellschen Kugeldruckversuch
1959, 56 Seiten, 42 Abb., DM 15,30

HEFT 696
Dr. rer. nat. H. Ehrenberg und Dipl.-Phys. H. J. Mürtz, Bonn
Massenspektrometrische Untersuchungen an Bleierzen
1959, 32 Seiten, 12 Abb., 2 Tabellen, DM 9,40

HEFT 717
Prof. Dr. W. Franz, Münster
Leitungsvorgänge in Halbleitern anisotroper Struktur
1959, 30 Seiten, 9 Abb., DM 8,80

HEFT 719
Prof. Dr. phil. H. Lange und Dr. rer. nat. W. Habbel, Köln
Das spannungsoptische Bild von Stoßwellen in der elastischen Halbebene in Abhängigkeit von der Stoßdauer und der Stoßgeschwindigkeit
1959, 52 Seiten, 46 Abb., DM 35,20

HEFT 724
Prof. Dr. G. Eckart, Dr. F. Gimmel, Th. Conrady und B. Scherer, Saarbrücken
Sonderfragen bei Breitband-Schlitzantennen
1959, 32 Seiten, 3 Abb., 4 Kurvenblätter, DM 9,40

HEFT 735
Dipl.-Ing. R. Lüttmann, Essen-Steele
Wärmeaustausch bei durch Anwendung von Sintermetallen verschiedenartig ausgeführten Wärmeübertragungsflächen
1959, 27 Seiten, 13 Abb., DM 8,80

HEFT 752
Prof. Dr. W. Weizel und Dipl.-Phys. Dr. H. Hornberg, Bonn
Glimmentladungssäulen ohne Wandeinflüsse
1959, 52 Seiten, DM 41,—

HEFT 753
*Prof. Dr. E. Jenckel und Dipl.-Phys. K.-H. Illers,
Aachen*
Mechanische Relaxationserscheinungen in ver-
netztem und gequollenem Polystrol
1959, 92 Seiten, 49 Abb., DM 24,80

HEFT 759
Dr. C. Brunnée und Dr. L. Jenckel, Bremen
Untersuchungen und Verbesserung des Störunter-
grundes im Massenspektrometer
1960, 59 Seiten, 36 Abb., DM 17,70

HEFT 760
*Dipl.-Phys. B. Franzen, Prof. Dr.-Ing. W. Fucks und
Prof. Dr. phil. G. Schmitz, Aachen*
Vergleich von Korona- und Hitzdrahtanemometer
durch Messung von Turbulenzspektren
1959, 70 Seiten, 49 Abb., DM 19,90

HEFT 779
Prof. Dr.-Ing. F. Eisele und Dipl.-Phys. D. Löbell
Untersuchungen der kennzeichnenden Eigenschaften von Meßuhren und Feinzeigern
1959, 106 Seiten, 67 Abb., DM 29,20

HEFT 797
*Prof. Dr. phil. H. Lange und Dr. rer. nat. R. Kohlhaas,
Köln*
Über die wahre spezifische Wärme von Eisen,
Nickel und Chrom bei hohen Temperaturen
1960, 115 Seiten, 38 Abb., 24 Tabellen, DM 31,20

HEFT 829
Dr. H. Strack, Bonn
Glimmentladung im Innern eines kathodischen
Rohres
1960, 34 Seiten, 16 Abb., DM 10,30

HEFT 832
Prof. Dr. G. Ecker, D. Voslamber, Bonn
Die Impulsstreuungsmomente in kollektiven Ge-
samtheiten
1960, 49 Seiten, 4 Abb., DM 15,10

HEFT 836
H. Borchardt, Mülheim (Ruhr)
Physikalisch-technische Grundlagen der meteoro-
logischen Anwendung von Radar nach Erfahrun-
gen mit der Wetterradaranlage des Institutes für
Mikrowellen in der Deutschen Versuchsanstalt für
Luftfahrt e. V. Mülheim (Ruhr)
*1960, 139 Seiten, 59 Abb., 5 Tabellen,
4 Tafeln, 5 Bildserien, DM 39,90*

HEFT 853
Prof. Dr. W. Weizel und Dr. G. Albrecht, Bonn
Glimmentladungssäulen ohne Wand bei höheren
Drücken
1960, 35 Seiten, 19 Abb., DM 19,90

HEFT 857
Prof. Dr. W. Weizel und Dipl.-Phys. F. Laube, Bonn
Schichten im Faradayschen Dunkelraum der
Glimmentladung und elektrochemische Eigen-
schaften des Entladungsgases
1960, 72 Seiten, 47 Abb., DM 49,80

HEFT 862
Dipl.-Phys. Dr. W. Gerke, Bonn
Drehstromglimmentladung im Stickstoff
1960, 39 Seiten, 22 Abb., 2 Tabellen, DM 12,50

HEFT 871
Prof. Dr. W. Weizel und Dr. H. Herrmann, Köln
Betriebsbedingungen einer Glimmentladung in
aggressiven Gasen
1960, 26 Seiten, 14 Abb., DM 14,—

HEFT 872
Prof. Dr. W. Weizel und Dr. H. Franke, Bonn
Untersuchungen an strömenden Stickstoffnach-
leuchtplasmen einer positiven Säule
1960, 53 Seiten, 24 Abb., DM 16,20

HEFT 904
*Regierungsrat Dipl.-Ing. Otto Adam, Forschungs-
institut für Verfahrenstechnik an der Technischen
Hochschule Aachen*
Untersuchung über die Vorgänge in feststoff-
beladenen Gasströmen
1960, 166 Seiten, 86 Abb., 3 Tabellen, DM 48,20

HEFT 926
*Prof. Dr.-Ing. Helmut Wolf und Dr.-Ing. Siegfried
Heitz, Institut für theoretische Geodäsie der Universität
Bonn*
Zeitliche Schwerkraft-Änderungen in ihrer Be-
deutung für die praktische Gravimetrie
1961, 70 Seiten, 14 Abb., DM 20,20

HEFT 933
*Dipl.-Ing. Klaus Stamm, Laboratorium für Ultraschall
an der Technischen Hochschule Aachen*
Die Vernebelung schmelzbarer Festkörper mit
Ultraschall
1960, 24 Seiten, 21 Abb., DM 9,20

HEFT 944
*Dipl.-Phys. Günter Waidmann, Gesellschaft zur
Förderung der Glimmentladungsforschung e. V., Köln*
Nitrierung dünner Stahlschichten mit Hilfe einer
Glimmentladung
1961, 50 Seiten, 31 Abb., 2 Tabellen, DM 16,30

HEFT 975
*Prof. Dr. A. Narath, Institut für angewandte Photo-
chemie und Filmtechnik der Technischen Universität
Berlin*
Über die Herstellung von Kernspuremulsionen -
1961, 36 Seiten, 10 Abb., 1 Tabelle, DM 11,50

HEFT 976
*Dipl.-Phys. Horst Küppers, Institut für Theoretische
Physik der Universität Köln*
Die Untersuchung der Ausbreitung von Stoßwellen in Platten auf schlierenoptischem und
spannungsoptischem Wege
1961, 62 Seiten, 77 Abb., 5 Tabellen, DM 44,60

HEFT 983
*Prof. Dr.-Ing. Paul Hadlatsch, Aerodynamisches
Institut, Aachen*
Berechnung der Druckwellen in Brennstoff-
einspritzsystemen und in hydraulischen Ventil-
steuerungen
1961, 108 Seiten, 31 Abb., DM 33,90

HEFT 985
*Dr. Hans Strack, Gesellschaft zur Förderung der
Glimmentladungsforschung e. V., Köln*
Temperaturmessung in Glimmentladungen
1962, 44 Seiten, 18 Abb., DM 14,30

HEFT 986
*Dr.-Ing. Jameel Ahmad Khan, Aerodynamisches
Institut der Technischen Hochschule Aachen*
Untersuchungen zur instationären Strömung durch
unstetige Querschnittsänderungen in Druckleitungen von Einspritzsystemen
1961, 76 Seiten, 47 Abb., 1 Tab., DM 28,60

HEFT 987
*Dr.-Ing. Wilhelm Bosch, Aerodynamisches Institut der
Technischen Hochschule Aachen*
Untersuchungen zur instationären reibenden
Strömung in Druckleitungen von Einspritz-
systemen
1961, 56 Seiten, 37 Abb., DM 20,—

HEFT 988
*Dr.-Ing. Werner Wilhelm und Dipl.-Ing. Rudolf Jürgler,
Aerodynamisches Institut der Technischen Hochschule
Aachen*
Nichtstationäre, eindimensionale und reibungsfreie
Gasströmung schwach kompressibler Medien in
Rohren mit einigen unstetigen Querschnitts-
änderungen
1961, 70 Seiten, 17 Abb., DM 21,50

HEFT 989
*Dr.-Ing. Werner Wilhelm, Aerodynamisches Institut
der Technischen Hochschule Aachen*
Einfluß der Spülkanalabmessungen auf den
Ladungswechsel kurbelkastengespülter Zweitakt-
Motoren
1961, 99 Seiten, 37 Abb., 16 Tabellen, DM 35,30

HEFT 990
*Dr.-Ing. Frieder Voigt, Aerodynamisches Institut der
Technischen Hochschule Aachen*
Vorgänge beim Start einer Überschallströmung
1961, 36 Seiten, 32 Seiten Bildanhang, DM 23,20

HEFT 991
*Dipl.-Ing. Werner Preukschat, Aerodynamisches Institut
der Technischen Hochschule Aachen*
Beschreibung eines Druckmeßgerätes, das zur
Messung geringer Druckschwankungen bei hohen
Frequenzen geeignet ist
1961, 22 Seiten, 14 Abb., 2 Tabellen, DM 8,80

HEFT 1001
*Dipl.-Phys. Dr. rer. nat. G. Langner, Institut für
Elektronenmikroskopie an der Medizinischen Akademie
Düsseldorf*
Die Informationsübertragung bei der Mikroskopie
mit Röntgenstrahlen
1961, 126 Seiten, 7 Abb., DM 37,—

HEFT 1013
*Prof. Dr. phil. H. Lange, Dr. rer. nat. K. H. Schmidt,
Köln*
Theoretische und experimentelle Untersuchung
der Strahlengeometrie bei Texturgonoimetern
1961, 120 Seiten, 52 Abb., DM 38,30

HEFT 1014
*Prof. Dr. phil. H. Lange, Dr.-Ing. E. Müller, Institut
für Theoretische Physik der Universität Köln*
Verfahren zur Bestimmung der Gleich- und
Wechselfeldmagnetisierung kleiner Proben. Untersuchungen im System der Nickel-Zink-Ferrite
1961, 90 Seiten, 20 Abb., 34 Tab., DM 37,20

HEFT 1034
*Dipl.-Phys. Bernd Klüser, Institut für Theoretische Phy-
sik der Universität Bonn*
Aufteilung der Entladungsenergie auf die Elektronen einer Glimmentladung
1961, 33 Seiten, 21 Abb., DM 12,60

HEFT 1038
*Dipl.-Phys. H. Wichmann, Prof. Dr. phil. W.
Weizel, Gesellschaft zur Förderung der Glimmentladungs-
forschung e. V., Institut Köln*
Der Einfluß einer Glimmentladung auf die Per-
meation von Gasen durch Metalle
*1961, 58 Seiten, 28 Abb., 11 Skizzen, 2 Tab.,
DM 22,80*

HEFT 1062
*Dr.-Ing. H. Pfeiffer, Aerodynamisches Institut der
Techn. Hochschule Aachen*
Strömungsuntersuchungen an Kreiszylindern bei
hohen Geschwindigkeiten
1962, 74 Seiten, 53 Abb., DM 26,00

HEFT 1074
*Prof. Dr. rer. techn. Fritz Reutter, Dr. rer. nat.
Gerhard Patzelt, Institut für Geometrie und Praktische
Mathematik der Rhein.-Westf. Techn. Hochschule
Aachen*
Mathematische Behandlung einer angenäherten
quasilinearen Potentialgleichung der ebenen kompressiblen Strömung.

In Vorbereitung

HEFT 1080
*Prof. Dr.-Ing. Ludolf Engel, Institut für Maschinenwesen und Elektrotechnik der Bergakademie Clausthal,
Clausthal-Zellerfeld*
Theorie der handgeführten schlagenden Druckluftwerkzeuge und experimentelle Untersuchungen
insbesondere an Abbauhämmern im normalen
und abnormalen Betrieb.

In Vorbereitung

HEFT 1098
*Dr. Gerhard Albrecht und Prof. Dr. Günter Ecker,
Institut für Theoretische Physik der Universität Bonn*
Die positive Säule unter dem Einfluß negativer
Ionen.

In Vorbereitung

HEFT 1104
*Dr. rer. nat. Rudolf Kohlhass, Dipl.-Physiker Martin
Braun, Institut für Theoretische Physik der Universität
Köln Abteilung für Metallphysik, Köln*
Die grundlegenden kalorimetrischen Auswertemethoden Herleitung der thermodynamischen Funktionen des reinen Eisens auf Gund von Messungen
an einem Eisen-Mangan-System nach dem Verfahren der verzögerten Mischkalorimetrie.

In Vorbereitung

HEFT 1105
*Prof. Dr. phil. Heinrich Lange, Dr. rer. nat. Franz
Josef In der Smitten, Institut für Theoretische Physik
der Universität Köln, Abteilung für Metallphysik, Köln*
Untersuchungen über das magnetische Verhalten
dünner Schichten von $-Fe_2O_3$ bei kurzzeitiger Feldeinwirkung.

In Vorbereitung

HEFT 1107
Paul Thomas, Institut für Theoretische Physik der Universität Bonn
Leuchtende Schichten im Faradayschen Dunkelraum der Glimmentladung in Brom-Argon-Gemischen.

In Vorbereitung

HEFT 1124
*Prof. Dr. G. Ecker, cand. phys. W. Kröll, Dipl.-Phys.
O. Zöller, Institut für Theoretische Physik der Universität Bonn*
Fehlerabschätzung für Messungen mit magnetischen
Sonden.

In Vorbereitung

HEFT 1144
*Prof. Dr. phil. H. Bittel, Dr. rer. nat. K. A. Hempel,
Institut für angewandte Physik der Universität Münster*
Untersuchungen zur ferrimagnetischen Resonanz
an Ferriten bei 10 und 24 GHz.

In Vorbereitung

HEFT 1163
*Prof. Dr. phil. H. Bittel, Institut für angewandte
Physik der Universität Münster*
Untersuchungen über das Rauschen strombelasteter
Leiter *In Vorbereitung*

HEFT 1168
Prof. Max Friedrich, Forschungsstelle für Brandschutztechnik an der Techn. Hochschule Karlsruhe
Untersuchungen über das Verhalten und die Wirkungsweise verschiedener Trockenlöschmittel

In Vorbereitung

HEFT 1175
*Dipl.-Ing. Klaus-Dieter Becker, Dr. rer. nat. Erhard
Meister, Universität Saarbrücken*
Beitrag zur Theorie des Strahlungsfeldes dielektrischer Antennen *In Vorbereitung*

HEFT 1176
Dipl.-Phys. Alexander Wasiljeff, Universität Saarbrücken
Breitbandimpedanzstudien an Ringschlitzantennen
im cm-Wellenbereich *In Vorbereitung*

Ein Gesamtverzeichnis der Forschungsberichte, die folgende Gebiete umfassen, kann bei Bedarf vom
Verlag angefordert werden:
Acetylen / Schweißtechnik - Arbeitswissenschaft - Bau / Steine / Erden - Bergbau - Biologie - Chemie -
Eisenverarbeitende Industrie - Elektrotechnik / Optik - Fahrzeugbau / Gasmotoren - Farbe / Papier / Photographie - Fertigung - Funktechnik / Astronomie - Gaswirtschaft - Hüttenwesen / Werkstoffkunde - Kunststoffe -
Luftfahrt / Flugwissenschaften - Maschinenbau - Medizin / Pharmakologie / NE-Metalle - Physik-Schall /
Ultraschall - Schiffahrt - Textiltechnik / Faserforschung / Wäschereiforschung - Turbinen - Verkehr - Wirtschaftswissenschaft.

WESTDEUTSCHER VERLAG · KÖLN UND OPLADEN
567 Opladen/Rhld. Ophovener Straße 1-3

GPSR Compliance
The European Union's (EU) General Product Safety Regulation (GPSR) is a set
of rules that requires consumer products to be safe and our obligations to
ensure this.

If you have any concerns about our products, you can contact us on

ProductSafety@springernature.com

In case Publisher is established outside the EU, the EU authorized
representative is:

Springer Nature Customer Service Center GmbH
Europaplatz 3
69115 Heidelberg, Germany